海南热带雨林国家公园
国家重点保护野生动物图鉴

汪继超　主　编

王同亮　副主编

中国林业出版社
China Forestry Publishing House

图书在版编目（CIP）数据

海南热带雨林国家公园国家重点保护野生动物图鉴 /
汪继超主编；王同亮副主编. -- 北京：中国林业出版
社，2024.1
ISBN 978-7-5219-1994-3

Ⅰ.①海… Ⅱ.①汪… ②王… Ⅲ.①热带雨林—国
家公园—野生动物—海南—图鉴②热带雨林—国家公园—
野生植物—海南—图鉴 Ⅳ.①Q958.526.6-64
②Q948.526.6-64

中国版本图书馆CIP数据核字(2022)第243781号

策划编辑：刘家玲
责任编辑：葛宝庆　　肖　静
装帧设计：北京八度出版服务机构
————————————
出版发行：中国林业出版社
　　　　（100009，北京市西城区刘海胡同 7 号，电话 83143612）
电子邮箱：cfphzbs@163.com
网址：www.forestry.gov.cn/lycb.html
印刷：河北京平诚乾印刷有限公司
版次：2024 年 1 月第 1 版
印次：2024 年 1 月第 1 次印刷
开本：710mm×1000mm　1/16
印张：11.25
字数：150 千字
定价：88.00 元

《海南热带雨林国家公园
国家重点保护野生动物图鉴》
编委会

前　言

　　海南热带雨林国家公园位于海南岛中南部，跨五指山、琼中、白沙、昌江、东方、保亭、陵水、乐东、万宁9个市（县），总面积4269km²（约占海南岛陆域面积的1/7），其中，核心保护区面积2331km²，占54.6%，涵盖了海南岛95%以上的原始林和55%以上的天然林。海南热带雨林国家公园是世界热带雨林的重要组成部分，属于全球34个生物多样性热点区之一，拥有中国分布最集中、保存最完好、连片面积最大的热带雨林，是全岛的生态制高点，是海南岛森林资源最为富集的区域，也是海南长臂猿在全球的唯一分布地，在保持自然生态系统原真性和完整性、保护生物多样性、保护生态安全屏障等方面具有国家代表性和全球性保护意义。

　　2021年2月，国家林业和草原局、农业农村部联合发布新调整的《国家重点保护野生动物名录》。调整后的《国家重点保护野生动物名录》共列入野生动物980种和8类，其中，国家一级保护野生动物234种和1类，国家二级保护野生动物746种和7类；其中，686种为陆生野生动物，294种和8类为水生野生动物。与1989年1月首次发布的《国家重点保护野生动物名录》相比，调整后的《国家重点保护野生动物名录》新增517种（类）野生动物；调整后海南分布的国家重点保护陆生野生动物共162种，海南分布的国家重点保护水生野生动物共111种（类）。

　　为加强对海南热带雨林国家公园范围内分布的国家重点保护野生动物（特别是调整后的《国家重点保护野生动物名录》中新增物种）的识别、宣传、保护和管理，提高社会公众对海南热带雨林国家公园范围内的国家重点保护野生动物的认知水平，增强对动物及其生境的保护意识，促进海南生态文明建设和海南热带雨林国家公园建设，海南智慧雨林中心委托海南师范大学编著出版《海南热带雨林国家公园国家重点保护野生动物图鉴》。本书共收录海南热带雨林国家公园范围内分布的国家重点保护野生动物2门7纲31目55科136种。本书中涉及的动物以彩色图示，并描述了物种中文名、学名、英文名、识别特征、生境与分布、主要受胁因素、生活史特征等信息。本书图文并茂，可供相关科研工作者、大专院校师生及野生动物保护监管部门和执法的人员参阅。

本书得到了海南智慧雨林中心和海南省院士创新平台科研专项资金的资助，并得到了热带岛屿生态学教育部重点实验室、海南省热带动植物生态学重点实验室等科研平台的支持。在编写过程中采用了众多科研工作者、保护区工作人员、爱好者等提供的物种照片，在此对以上拍摄者表示衷心的感谢。

由于编者专业水平所限，书中若有错漏之处，恳请读者批评指正。

编者

2022年8月

目 录

第一部分

国家一级重点保护野生动物

1 金斑喙凤蝶

学　名：*Teinopalpus aureus*
英文名：Golden Kaiserihind

识别特征：大型凤蝶，体长30mm左右。雄性体、翅呈翠绿色，满布翠绿色鳞片。前翅具1条内侧黑色而外侧黄绿色的斜横带；端半部的中域具2条模糊的黑带；外缘具2条平行的黑带。后翅外缘齿状，具翠绿色月牙形斑纹，在月牙形斑纹内侧具少许金黄色斑纹；中域具金黄色大斑；中心具1个黑斑（中室端）。翅背面绿色，前翅黄白色。雌性前翅翠绿色较少；后翅中域大斑呈灰白色或白色，外缘月牙形斑呈黄色和白色，外缘齿突延长。

生境与分布：海南特有亚种。常栖息于海拔1000m左右的热带、亚热带常绿阔叶林。

生活史特征：该物种每年4月至10月发育与繁殖。常采用雄蝶等候的方式交配，主要过程为雄性停留在山顶高枝位叶片上或山顶周围的叶片上，等候并拦截飞经的雌性。雌性多于正午在叶片上产卵。多在灌木丛或竹丛的隐蔽枝条上化蛹。产卵方式为散产，通常为"一枝一叶一卵"的方式。据报道分布于江西九连山的金斑喙凤蝶幼虫5龄，各龄级幼虫差异较大，预蛹与成蛹经历2次蜕皮过程。

主要受胁因素：人为捕捉是导致其数量下降的重要原因；雌蝶数量稀少，交配繁殖受气候因素影响大；分布区狭窄，缺乏濒危机制的相关研究。

2 鼋

学　名：*Pelochelys cantorii*

英文名：Asian Giant Softshell Turtle

识别特征：体形大，背甲可达130cm，体重可达200kg。吻突短于眶径。背甲橄榄绿色至褐色，无斑；腹甲粉白色，无斑；四肢颜色与头颈相似。腹部胼胝体不超过5块。四肢扁圆，不能缩入壳内；指、趾间具满蹼，均具3爪。尾短，雄性的尾略长于雌性，露出裙边较明显。通体橄榄绿色或青灰色。头、颈背面具黄褐色及黑褐色碎细斑。

生境与分布：生活于江河、湖泊、溪流的深潭中。在海南分布于昌化江、松涛水库。

生活史特征：主要以动物为食，如蚯蚓、小鱼、虾、螺等。人工驯养环境下产卵期主要在5月至8月，夜间产卵，无护卵行为。窝卵数40～55枚。卵圆形，硬壳，均重（16.82±1.99）g，卵直径（3.10±0.18）cm，刚孵出稚鼋均重（13.60±0.85）g，在人工控温下平均孵化期为（64.94±3.47）d。

主要受胁因素：该物种性成熟周期长，个体大，对栖息地水深、水面积要求较高，易被人类捕获。水利工程建设、过度开采河沙、水环境污染等因素，引起栖息地质量下降。

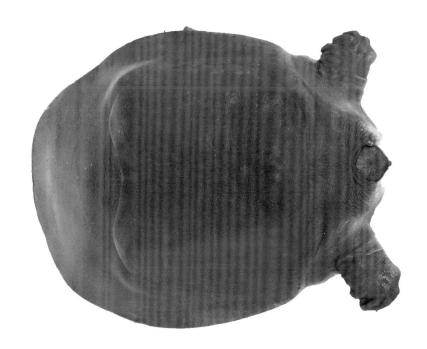

3 圆鼻巨蜥

学　名：*Varanus salvator*
英文名：Asian Water Monitor

识别特征： 大型蜥蜴，全长1～2m，体重达30kg。头窄长，略呈三角形；鼻孔大，呈圆形或椭圆形；四肢粗壮，爪长、坚硬。头背鳞片较大，呈六边形，扁平无棱。眶上鳞片较宽，呈弧形排列，其内具一团小鳞，外周具一圈较小鳞片。枕部鳞片稍小。颞区鳞片较小，平滑无棱。全身被粒鳞。躯干和四肢背面鳞片起棱，略呈菱形。躯干腹面鳞片较背面鳞片大而平滑。颈腹面与胸部鳞片呈椭圆形。胸部向前的鳞片渐小，胸部往后至胯前的鳞片呈长方形，成横行排，可达70行。

生境与分布： 常栖息于海拔200～650m山区的溪流及水塘附近，以及沿海的河口、水库、山塘等附近。

生活史特征： 主要以蛙、鱼及小型兽类为食，也捕食鸟、鸟卵及动物尸体。卵生，夏季产卵于岸边土内或树洞内。最小繁殖个体的体长为56.5cm，窝卵数10～23枚，繁殖期为6月中旬至9月中旬。

主要受胁因素： 栖息地质量降低。

4 海南山鹧鸪

学　名：*Arborophila ardens*
英文名：Hainan Hill Partridge

识别特征： 中小体形鸟类，体长23～30cm，体重200～250g。头部近黑色，耳羽白色，喉部红色，上体黑色鳞状纹，两胁有白色条纹。典型的叫声为重复双音节，似"鹧鸪～鹧鸪～"。

生境与分布： 海南特有种。常栖息于海拔200～1300m原始山地雨林、沟谷雨林和山地常绿阔叶林。

生活史特征： 非繁殖季节多以3～5只的小群活动。繁殖期常成对活动，以雄鸟"ge~ge"开始鸣叫，然后雌鸟以"鹧鸪～鹧鸪～"来回应，之后雄鸟以"ge~gu ge~gu"来回应，形成二重唱。夜间栖息于树上。性情机警，受惊后边奔逃边发出急促的鸣叫声。觅食时，行动缓慢，边走边刨落叶，并伴有"沙沙"的声响。主要以灌木和草本植物的叶、芽和种子为食，也捕食昆虫和蜗牛等动物性食物。繁殖期为4月至6月，窝卵数2枚。留鸟。

主要受胁因素： 天然林面积持续下降和栖息地质量降低。

5 海南孔雀雉

学　名：*Polyplectron katsumatae*
英文名：Hainan Peacock Pheasant

识别特征： 中等体形鸟类，体长40～65cm，体重450～710g。国内仅分布有灰孔雀雉和海南孔雀雉，前者只分布于云南和西藏，而后者只分布于海南，所以从地域分布上即可区别。形态上，海南孔雀雉的羽冠更短，而尾羽的眼斑有着灰色边缘，且眼斑直径小于15mm。

生境与分布： 海南特有种。常栖息于海拔150～1500m山地雨林、常绿阔叶林、沟谷雨林等地带。

生活史特征： 常单独或成对活动，多在森林茂密、林下植被较发达的阴湿地面上活动。每天9:00至11:00和16:00至17:30为活动高峰期。性机警。主要在地面上取食，多用喙啄食，偶尔用脚刨找。主要以鸡毛松、陆均松、高山榕的落果等植物性食物为食，也捕食昆虫、蠕虫等。雄鸟活动时较为谨慎，当发现异常情况时，常伫立不动，注意观察；一旦发现危险，立刻惊叫奔逃，钻入茂密的灌丛或草丛，一般不起飞；当危险临近或紧迫时，则通过飞行逃离，通常飞行几十米，落地后继续奔跑逃避。白天一般较少飞到树上，但夜间在树上栖息。雄性在1月至6月鸣叫频繁。雌性1月发情，2月中旬开始产卵孵化，孵化期至6月底。留鸟。

主要受胁因素： 非法捕猎、森林砍伐导致分布区狭小且分散。

6 海南鸦

学　名：*Gorsachius magnificus*
英文名：White-eared Night Heron

识别特征：中等体形涉禽，体长约58cm。体肥胖而粗短。喙较粗短，黑色；眼基和眼先绿色。眼后具1条白色条纹，并向后延伸至耳羽上方的羽冠处，白纹下耳羽黑色，眼下具1个白斑。颏部、喉部和前颈均为白色，中央具1条黑线一直延伸至下喉部；颈部两侧具棕红色斑纹；前颈下部中央暗红褐色，两边黑色。上体暗褐色，头顶和羽冠黑色，飞羽岩灰色。下体白色，脚绿色。

生境与分布：常栖息于亚热带高山密林中的山沟、河谷或其他有水的地方。

生活史特征：夜行性，白天隐于密林中。主要以小鱼、蛙和昆虫等动物为食。窝卵数通常2～4枚。繁殖期亲鸟飞离巢地的高峰期为19:00至20:00；归巢高峰期为4:30至5:30；喂雏主要在5:00至5:30。从雏鸟到幼鸟离巢至少67d。对繁殖生境要求并不高，甚至在广西南宁附近记录有其巢址。留鸟。

主要受胁因素：栖息地片段化、质量下降；人类活动干扰也导致该物种繁殖失败。浙江杭州千岛湖具有海南鸦最大繁殖种群，表明水体质量、渔业资源丰富程度高可能有利于其栖息地的选择。

7 白肩雕

学　名：*Aquila heliaca*
英文名：Imperial Eagle

识别特征： 大型猛禽，体长73～84cm，体重约1125g。前额至头顶为黑褐色，头枕后部、后颈和头侧棕褐色，后颈缀黑褐色细羽干纹。下体自颏、喉、胸、腹、两胁和腿覆羽均为黑褐色；尾下覆羽淡黄褐色，微缀暗褐色纵纹；翅下覆羽和腋羽也为黑褐色；跗跖被羽。幼鸟翅下3枚飞羽组成淡色块状斑，翅下及胸部具独特纵纹。

生境与分布： 常栖息于山地森林地带，偏好混交林和阔叶林的河谷、沼泽、草地和林间空地等开阔地带觅食。

生活史特征： 常单独活动。能长时间停留在树上、岩石和地面上。白天觅食。主要以鸟类、啮齿类等中小型哺乳动物为食，也取食爬行动物尸体。繁殖期为4月至6月，窝卵数通常2～3枚。通常营巢于森林中高大的树上，偶尔也营巢于悬崖岩石上。如果繁殖成功，巢来年还继续被利用，通常一个巢能使用多年，但每年都需要进行修理和补充新的巢材，因此随着巢利用年限的增加，巢逐渐变得庞大。迷鸟。

主要受胁因素： 栖息地破碎化，栖息地质量下降；食物资源质量下降；农药除草剂等污染物；高压输电设备造成的潜在撞击风险；非法捕猎和破坏鸟巢等。

8 黄胸鹀

学　名：*Emberiza aureola*

英文名：Yellow-breasted Bunting

识别特征： 小型鸟类，体长13～16cm，体重18～29g。雄鸟繁殖期额、头顶、喉黑色，上胸具有一栗色胸带，翼上有1个明显白斑。雌鸟耳羽褐色，外缘有明显黑褐色，导致眉纹和颊纹较明显；与雄鸟相比，白色肩纹较狭窄，腰为栗红色。

生境与分布： 常栖息于丘陵和开阔平原地带的灌丛、草甸、草地和林缘地带，尤其喜欢溪流、湖泊和沼泽附近的灌丛、草地。

生活史特征： 繁殖期常单独或成对活动，非繁殖期集群活动。巢多筑于草原、沼泽和河流与湖泊岸边草丛中或灌木与草丛下的浅坑内，利用四周的草丛和灌木隐蔽，一般较难被发现。性胆怯。繁殖季节主要以昆虫成虫和幼虫为食，也取食部分小型无脊椎动物、草籽及其他植物种子和果实等食物。繁殖期为5月至7月，窝卵数3～6枚。具有迁徙性，繁殖于我国东北和俄罗斯西伯利亚地区，越冬于我国东南沿海及南亚、东南亚地区。冬候鸟、旅鸟。

主要受胁因素： 迁徙季节在越冬地被拉网捕捉，并对其填食育肥，作为餐桌上的美食，导致其种群数量急剧下降。

9 海南长臂猿

学　名：*Nomascus hainanus*
英文名：Hainan Gibbon

识别特征：中等体形，头体长 40～60cm，体重 7～8kg。眼眶大，眶上脊明显。门齿的中间一对齿面平直，外侧一对齿面钝尖。前肢明显长于后肢。手掌比脚掌长。无颊囊。尾退化。两性间毛色差异较大：雄性通体为黑色，嘴边有几根白毛，头上有一簇毛；雌性毛色从黄灰色到淡棕色，头顶部和腹部各有 1 个黑斑。

生境与分布：海南特有种。常栖息于海拔 600～1200m 的热带雨林。

生活史特征：完全树栖，营家族式生活。具一定的领域性。每天天不亮，猿群就开始第一次鸣叫，刚开始是公猿的高声啼鸣，随后是母猿的喧闹和歌唱，整个过程持续约 15min。主要以多种热带野果、嫩叶、花苞为食，偶尔也会吃昆虫、鸟蛋等动物性食物。极少下到地面饮水，主要饮叶片的露水，也用手掌从树洞里取水喝。雄性一般 9 岁达性成熟。寿命可达 30 年。

主要受胁因素：分布区狭小、栖息地受到高度干扰导致退化和丧失。

10 穿山甲

学　名：*Manis pentadactyla*
英文名：Chinese Pangolin

识别特征： 头体长42 - 92cm，尾长28～35cm，体重2.4～7.0kg。身体狭长，全身除腹部外均被覆瓦状鳞甲，鳞甲间杂有数根刚毛。鳞甲褐色或棕褐色，幼兽鳞甲常为棕褐色。颜面、腹面从下颌经胸腹至尾基部及四肢内侧无鳞甲，着生稀毛。两颊、眼和耳部被毛。头细小，呈圆锥状；眼小，吻尖，舌长，无齿。鼻骨长，眶小，颧弓不完整。四肢短、前肢比后肢长；前足爪长于后足爪，中间趾爪特别粗长。前后足掌裸露，无掌垫、跖垫和指垫。雌性具2对乳头，位于胸腹部。

生境与分布： 常栖居于丘陵、山地的树林、灌丛、杂草丛等环境中。

生活史特征： 独居，善挖掘洞穴。白天极少活动，夜晚觅食。主要以白蚁为食，也捕食黑蚁或蚁的幼虫和其他昆虫的幼虫，从不食素。遇敌或受惊时蜷成一团，头部裹在腹前方，并常伸出前肢作防御状。若在密丛中有躲避处，遇人或敌害，则迅速逃走。繁殖期长，一年各个季节几乎都能繁殖。通常每胎产1仔。仔兽刚出生时，无鳞甲，近1月龄时，鳞渐次角化为棕褐色。2月龄后开始随母兽外出觅食，这时仔兽常伏在雌兽上，两前肢紧抱母体的腋间，头钻入母兽颈背鳞内。成年后，仔兽离开母兽，独立生活。

主要受胁因素： 栖息地质量下降。

11 大灵猫

学　名：*Viverra zibetha*
英文名：Large Indian Civet

识别特征：体重5～8kg。头较小，吻尖，躯体瘦长，尾长超过体长的一半。四肢较短，各具5指（趾）。雌雄的会阴部均具有发达的香腺。足掌除掌垫外，均被密短毛。全身浅灰棕的毛色上杂不甚规则的黑褐色斑纹。头部浅灰黄色；耳下及耳后至肩部具3条褐色横纹，中间被灰白色横纹所隔；从头后至尾基部，具1条极明显的由黑色粗硬长毛构成的背鬣；从腰部起至尾基具2条白色纵纹，分别镶在背两侧。体侧至腹下黑褐色渐次减少而变为灰棕色。尾部具4～6个黑白相间的环，白色环较狭，黑色环较宽。腹部灰棕色，四肢均为黑褐色。

生境与分布：常栖息于大山密林或丘陵、山地的密林中。

生活史特征：喜夜行，行动敏捷。生性孤独、机警，听觉和嗅觉灵敏。善攀爬及游泳。靠囊状香腺分泌气味来定向。食性杂：动物性食物主要包括小型兽类、鸟类、两栖爬行类和昆虫等；植物性食物主要包括茄科植物的茎叶、无花果的种子及布渣果、酸浆果等。一般在春末夏初产仔，每窝产2～4仔。刚出生的幼仔纤弱，闭眼，但生长较快。幼仔随母兽生活，往往至第二胎产后离开。

主要受胁因素：栖息地质量下降。

12　小灵猫

学　名：*Viverricula indica*
英文名：Small Indian Civet

识别特征：体重2～3kg。体形瘦长；耳短且圆，两耳内缘相距较近；耳后眼下颜色较深，呈棕黑色；前额较为狭窄。自耳后至两肩具2条黑褐色短纹；体背有棕黑色纵纹，中间5条较为明显，两侧条纹时断时续，逐渐变为模糊的斑纹。腹面毛色棕黑，四肢深棕褐色。会阴部的香腺不发达。尾长大于体长的一半，尾具7～9个黑褐色环。全身深灰棕色，体背颜色较深，毛基部及绒毛为灰色，毛尖棕色；尾灰黄色，略带棕色，其间嵌有黑褐色环，末端毛灰黄色。

生境与分布：常栖息于山地、丘陵的灌草丛中。

生活史特征：独居。夜行性。性格机敏而胆小，行动灵活，会游泳，善于攀爬。具擦香习性。在遇到敌害时，从肛门腺中排出一种黄色且奇臭的分泌物以自卫。食性较杂：主要以动物性食物为主，如虾、蟹、蜈蚣、蚱蜢、蝗虫、小鱼、蛙、蛇、老鼠、小鸟等；植物性食物主要为野果、树根、种子等。繁殖季节主要在春夏间，多冬末春初发情交配。发情期叫声频，雌雄成对。多夏季产仔，每窝2～5仔。

主要受胁因素：因获取皮张、肉用的非法猎捕。

13 云豹

学　名：*Neofelis nebulosa*
英文名：Clouded Leopard

识别特征：头体长70～108cm，尾长55～92cm，体重15～20kg。全身黄色或灰黄色，体侧自前肢到臀部具不规则的云块状斑纹，云块状斑纹边缘黑色。额部具密集的小黑斑，眼周具不完全的黑环，眼后具1条明显纵向黑纹，耳背面黑色，中间具浅灰色斑点。颈背部具4条黑纹，中间2条止于肩部，外侧2条较粗，延续至尾基部，该纹由数个狭长黑斑衔接而成。尾色同背色，基部具纵纹，末端具数个黑环。四肢黄色，具长形黑斑。下颌、腹部和四肢内侧黄白色，具黑斑。

生境与分布：常栖息于海拔较高的热带、亚热带原始林或常绿丛林地区。

生活史特征：林栖，善攀爬，利用粗长的尾巴保持身体的平衡。白天在树上休息，夜间觅食。常伏于树枝上守候猎物，待小型动物临近时，从树上跃下捕食。捕食各种林栖动物，最常见的是海南麂，也捕食小型鸟类和其他小型哺乳动物等。

主要受胁因素：栖息地丧失。

14 坡鹿

学　名：*Panolia siamensis*
英文名：Eastern Eld's Deer

识别特征：外形似梅花鹿，但躯体稍小，体重60～80kg。颈细、体长、四肢较细长。雌鹿无角；雄鹿具角，主干分叉，弯曲向前与眉叉几乎成弯弓形，角尖端尖细。背鬃不明显。主蹄狭窄而尖，侧蹄小。体毛一般为红棕色，背部颜色较深，体侧及四肢外侧较淡，腹部和四肢内侧为灰白色。脊两旁各具一行白斑，直至尾基部，斑点间距30mm左右。臀部具少许白斑，体侧斑点则极模糊。颜面及耳背面为黄褐色，耳缘带黑色，耳内白色。尾背面栗棕色，腹面白色。

生境与分布：海南特有亚种。常栖息于低海拔开阔度较高的季节性森林和林缘草地。

生活史特征：常成对或3～5只成群。主要以青草和嫩树的枝叶等为食，偏好吃水边或沼泽地里生长的水草。常舔食盐碱土，以补充身体所需的盐分等矿物质。视觉和听觉敏感，奔跑迅速，善于跳跃。发情期多在4月至5月，成熟个体多发情交配。雄鹿因争偶而角斗，胜者独占雌鹿，相伴至发情期结束。怀孕雌鹿至10月前后产仔，每胎1仔。

主要受胁因素：目前，坡鹿在海南大田国家级自然保护区和邦溪坡鹿自然保护区得到较好的保护。海南大田国家级自然保护区内坡鹿的繁衍受到蟒蛇的潜在威胁。

第一部分
国家二级重点保护野生动物

15 中华叶䗛

学　名：*Phyllium sinensis*
英文名：Leaf Insects

识别特征： 体长约78mm，宽约39mm。头扁圆；眼半球形，棕色；眼和头顶间具1个倒三角形浅凹。前胸背板宽舌状；中胸背板倒梯形，边缘具明显刺突。前翅阔叶形，长达第7腹节中央；后翅退化。前足腿节两侧具发达叶突，前足胫节内、外两侧均具明显叶突，中足腿节叶突近圆形。腹部极扁宽，近长方形。第8腹节后角明显后伸，呈阔叶状，末端宽圆；第9腹节侧缘平直；仅由第10腹节构成亚三角形腹端。雄虫触角棕色，除前足腿节外侧叶为黄色外，3对足均为棕色；胫节外侧呈叶片状。雌虫整体黄褐色，腹部多黄绿色；各足胫节、跗节及腹部背、腹面中央棕褐色至暗褐色。

生境与分布： 中国特有种。常栖息于常绿阔叶林路边灌木的叶片上。

生活史特征： 树栖，善伪装成树叶。其他不详。

主要受胁因素： 生态学资料缺乏，主要受胁因素不详。

16 泛叶䗛

学　名：*Phyllium celebicum*
英文名：Leaf Insects

识别特征：雌虫体长85mm左右，雄虫体长70mm左右。头椭圆形，眼半球形，头顶稍扁平、光滑或具颗粒。前胸较短，近三角形；中胸长大于宽。雄虫触角25节，侧扁，栉状或锯齿形，被长软毛，向后约达腹部中央；前翅革质，较窄短；后翅发达，臀域较大；腹部亚菱形，第7腹节最宽。触角短，棒状；前翅革质，几乎盖满腹部，后翅膜质，透明；虫腹部近方形，第4～7腹节两侧缘几乎平行，第8～10腹节迅速变窄。

生境与分布：常栖息于常绿阔叶林路边灌木的叶片上。

生活史特征：善拟态和利用保护色伪装成树叶。其他不详。

主要受胁因素：生态学资料缺乏，主要受胁因素不详。

17 东方叶䗛

学 名：*Phyllium siccifolium*
英文名：Leaf Insects

识别特征：体长约65mm。头椭圆形，眼半球形。雄虫触角发达、侧扁，呈栉状或锯齿形，向后约达腹部中央；雌虫触角短棒状。前胸较短，近三角形；中胸长大于宽。前腿节外叶不宽于内叶。雄虫前翅革质，较窄短，约与胸等长；雌虫前翅革质，几乎覆盖整个腹部。后翅膜质，透明。雄虫后翅发达，臀域较大；雌虫后翅退化。第8腹节侧缘呈弧形，仅由第9和第10腹节构成三角形腹端。雄虫腹部宽披针形，第4腹节侧缘中央明显角状；下生殖板长短于宽，后缘宽圆。

生境与分布：常栖息于常绿阔叶林路边灌木的叶片上。

生活史特征：善拟态和利用保护色伪装成树叶。其他不详。

主要受胁因素：生态学资料缺乏，主要受胁因素不详。

18 同叶䗛

学　名：*Phyllium parum*
英文名：Leaf Insects

识别特征：雄虫体长近62mm。头亚卵形，后端稍膨大；头顶略扁平，光滑。眼外突。雄虫触角26节，超过第5腹节中部。前胸背板舌状，中央具"十"字形沟纹；中胸背板窄长。腹部宽，椭圆形，基部至第4腹节中央逐渐加宽，第5腹节后端最宽，第8腹节明显变窄，与第9、第10腹节构成三角形。下生殖板亚三角形，窄长；尾须叶状，超过腹端。前翅革质，达第3腹节中部；后翅发达，臀域大，达腹端。整体扁宽叶状，浅绿色。

生境与分布：常栖息于常绿阔叶林路边灌木的叶片上。

生活史特征：树栖型。植食性。善于伪装成树叶，可将身体的纹脉伪装成叶子的叶脉，腿和身体边缘似枯叶。身体能随风摇曳。其他不详。

主要受胁因素：生态学资料缺乏，主要受胁因素不详。

19 阳彩臂金龟

学　名：*Cheirotonus jansoni*
英文名：Long-armed Scarab

识别特征：大型甲虫，雄虫体长46～60mm，体宽24～32mm。整体呈长椭圆形，背面明显弧拱。头面、前胸背板、小盾片呈光亮的金绿色；前胸背板隆拱，具明显中纵沟；腹下密被黄褐色绒毛，前胸下面两侧绒毛最密集。雄虫前足特长；前腿节前缘中段具1个乳突状齿突；前胫节微弯曲；跗节长形。雌虫足短，前胫节扁宽。足、鞘翅大部分为黑色；鞘翅肩凸内侧、缘折内侧及缝肋内侧具浅褐色条斑或斑点；臀板、中胸、后胸腹面与腹部腹面及中后足股节均为金绿色。

生境与分布：常栖息于海拔950m左右的热带常绿阔叶林地带。

生活史特征：成虫活动于林区栎树林中，具趋光性。常产卵于腐朽木屑土中。卵乳白色，圆形。成虫多见于6月至9月。初孵幼虫头淡黄色，胸、腹部白色，常弯成"C"形。

主要受胁因素：非法贸易和人为活动引起适宜栖息地减少。

20 悍马巨蜣螂

学　名：*Heliocopris bucephalus*
英文名：Dung Beetle

识别特征： 体长39～55mm。雄虫头部近圆形，头上具1个短柱状角突。前胸背板隆拱，中部具1对前伸的牛角状角突，该对角突间雄虫具1道高锐前伸的横脊；而雌性具1道弧形横脊；前足外缘具3枚齿；后足跗节端部喇叭形；前胸及腹下密被棕黄色毛；前翅坚硬，后膜具覆盖鞘。鞘翅侧缘具2道纵脊；鞘翅光滑，具光泽，带有细纹痕。臀板分上臀板和下臀板两部分，由臀中横脊分隔，上臀板被鞘翅盖住，下臀板外露。雌虫无角，头面具端面凹截的横梯形脊突，通体棕黑色。

生境与分布： 常栖息于山地、丘陵、热带或亚热带常绿阔叶林边缘排水良好的沙质黏土地带。

生活史特征： 能利用月光偏振现象进行定位，并以银河导航，帮助取食。成虫常见于5月至10月。具一定的趋光性。主要以动物的粪便为食，喜欢把动物的粪便滚成球。

主要受胁因素： 生态学资料缺乏，主要受胁因素不详。

21 裳凤蝶

学　名：*Troides helena*
英文名：Papilionoid

识别特征： 大型凤蝶，雌性体长45～50mm，雄性体长40～47mm。颈部红色；胸部黑色；腹部背面黑褐色。前翅天鹅绒黑色；雄性后翅前缘第一个翅室的黄色部分的前半部分为黑色，雌性后翅近内缘黄色斑伸展达翅的基部。雄性外缘区及内缘区呈黑色，其余大部分呈金黄色，且金黄色外缘呈齿状。雌性外缘波状，波谷边缘淡黄白色，亚缘区具1列近似椭圆形的黑斑。雄性外生殖器上钩突基宽端窄，在近基部两侧具1对小突起。雌性外生殖器产卵瓣半圆形。

生境与分布： 常栖息于海拔1000m以下的丛林、平地及丘陵地。

生活史特征： 卵近圆形，橙红色。常产卵于寄主植物叶面或附近其他植物的植株上。末龄幼虫灰褐色，幼虫寄主为多种马兜铃属植物，常取食马兜铃属植物的叶；蛹灰褐色。成虫喜欢滑翔飞行，较缓慢；平时活动较少，中午前后特别是晴天活动频繁。常在花上吸蜜。每次产卵36～44粒。每年可发生2代以上。

主要受胁因素： 人为捕捉和适宜栖息地降低。

22 金裳凤蝶

学　名: *Troides aeacus*
英文名: Birdwing Butterfly

识别特征: 大型凤蝶。体背黑色; 头颈、胸侧具红毛; 腹部背面黑色, 节间黄色, 腹面黄色。前翅黑色, 脉纹两侧灰白色。雄性后翅金黄色; 外缘区每翅室各具1个钝三角形黑斑, 斑的内侧具黑色鳞片形成的阴影纹; 外缘波状、黑色; 内缘具1条窄的黑色纵带及较宽的褶。雌性体形稍大, 前翅中室内具4条纵纹; 后翅中室的端半部、各室的基部、亚外缘区及脉纹两侧均呈金黄色, 后翅亚外缘斑呈狭长三角形。雄性外生殖器上钩突细长, 中间略宽, 末端细尖。雌性外生殖器产卵瓣呈纺锤形。

生境与分布: 常栖息于海拔1200m以下的丛林、平地及丘陵地。

生活史特征: 卵近圆形, 橙红色。产卵于寄主植物叶面或附近其他植株上。低龄幼虫棕褐色, 末龄幼虫褐色, 幼虫体长达70mm。蛹浅绿色或淡褐色。寄主主要为马兜铃科植物。常清晨和黄昏时吸花蜜。成虫偏好红色、橙色花朵。雄性喜在树冠或森林中开阔处徘徊活动, 具明显的领域行为。雌性常活动于林间荫地, 飞行缓慢。

主要受胁因素: 人为捕捉和适宜栖息地降低。

23　海南塞勒蛛

学　名：*Cyriopagopus hainanus*
英文名：Chinese Bird Spider

识别特征：体长约43mm。头部稍隆起，眼丘低。前眼列微前曲，后眼列近端直，8眼聚集在一丘，其后具1对浅褐色纵纹，前宽后窄。背甲深褐色，边缘具密的灰白色长毛；放射纹、颈沟均密被黑色短毛；中窝横向，凹陷深。胸甲黑褐色，密被黑色毛；胸斑4对，浅褐色，较清晰，前缘1对，两侧3对。额黑色，前中眼下方具数根粗的黑刺。螯肢、颚叶、下唇均密被黑色颗粒状突起；前齿堤基部具4枚大齿。步足黑色，密被黑色及褐色长毛，跗节及后跗节下具毛丛。

生境与分布：中国特有种。常栖息于热带、亚热带常绿阔叶林林下湿度较大的斜土坡地带。

生活史特征：活动温度为24.0～27.3℃，巢周相对湿度为88%左右，多筑巢于西坡、南坡和西南坡的坡面与坎面上。穴居，攻击性强，对光线较敏感。寿命可达15年左右。

主要受胁因素：生态学资料缺乏，主要受胁因素不详。

24 花鳗鲡

学　名：*Anguilla marmorata*
英文名：Giant Mottled Eel

识别特征： 体延长，躯干部圆柱形，尾部侧扁，腹缘平直。背鳍、臀鳍和尾鳍相连，背鳍起点与臀鳍起点的间距大于头长。头背缘稍呈弧形。吻稍平扁。眼较小，上侧位。口大，前方口裂伸越眼后缘。下颌稍长于上颌。体被细鳞，呈席纹状排列，埋于皮下。侧线完全，侧线孔明显。体背侧密布黄绿色斑块和斑点，腹部乳白色或蓝灰色，胸部边缘黄色。背鳍和臀鳍后部边缘黑色，其余各鳍上常有许多蓝色斑点。

生境与分布： 主要生长于河口、沼泽、山涧溪流、湖塘、水库等水体中。

生活史特征： 白昼隐伏于洞穴及石隙中，夜间外出活动，捕食鱼、虾、蟹、蛙及其他小动物，也取食落入水中的大动物尸体。性成熟个体在冬季降河洄游至江河入海口附近，之后入深海繁殖；产卵场位于菲律宾以南、斯里兰卡以东和巴布亚新几内亚之间的深海沟，产卵后亲鱼死亡。受精卵随海流孵化，初孵出的仔鱼被海流带到陆地沿岸，变态发育成幼鳗，之后索饵洄游至淡水河流和湖泊。能到水边湿草地和雨后的竹林及灌木丛内觅食。

主要受胁因素： 捕获大量天然鳗鱼苗用于养殖，导致成鳗补充群体逐年减少，而过度捕捞降海亲鳗又影响鳗苗资源。河流梯级水电开发阻断了花鳗鲡洄游通道，导致其种群衰退。河口及附近水域污染与富营养化直接导致入河鳗苗数量减少。

25 黄臀唐鱼
（原唐鱼 *Tanichthys albonubes*）

学　名：*Tanichthys flavianalis*
英文名：White Cloud Mountain Minnow

识别特征：身体细小，全长2～3cm，长而侧扁。腹部圆，无腹棱。吻短而圆钝。口小，口裂下斜。下颌突出，前端无瘤状突。上颌无缺刻，无须。眼大，侧上位。眼后头长显著大于吻长。体被圆鳞，无侧线。背鳍短，起点位于腹鳍之后。胸鳍末端稍钝。腹鳍短小，末端可达肛门。肛门接近臀鳍起点。臀鳍接近于背鳍相对，臀鳍外缘为黄色。尾鳍叉形，末端稍尖。下咽骨弧形，较窄。咽齿纤细，末端略带钩状。鳃耙短而稀疏。腹膜灰白色。生活时身体两侧从鳃孔上角至尾柄基部具1条金黄色的条纹。

生境与分布：多栖息于水质清澈、多沙质或鹅卵石和落叶混合底质的缓流，或有泉水涌出的山涧溪流；水草生长茂盛，常年水温20～30℃；也集群于有遮蔽物的缓流中。

生活史特征：性活泼。胚胎发育最适温度为24～27℃。虽然为生活在南方的群体，但尚能耐寒，当水温降至5℃时，仍能正常生活。杂食性小型鱼类，主要以浮游动物和岸边腐殖质为食，也食水生昆虫、软体动物和植物种子等。繁殖期为3月至12月。

主要受胁因素：人类活动导致溪流干涸或水体污染，造成其栖息地退化。入侵物种食蚊鱼捕食黄臀唐鱼仔鱼，也对其造成严重威胁。

26 大鳞鲢

学　名：*Hypophthalmichthys harmandi*
英文名：Largescale Silver Carp

识别特征：体重可达25kg。鳍条数：背鳍3～7条，臀鳍3～15条，胸鳍Ⅰ-17～18条，腹鳍Ⅰ-6～7条，尾鳍18～19条。侧线鳞83～85枚，21～22/11枚。体延长；体背部隆起较高，呈浅弧形；体银白色；体背灰褐色。头中等大。吻宽短。眼下缘水平线不通过吻端。口裂稍上斜。下咽齿草履状。胸鳍和腹鳍白色。鳞大，圆形；侧线广弧形下弯，后部伸达尾柄中央。

生境与分布：多栖息于水流缓慢、水质较肥、浮游生物丰富的开阔水体。

生活史特征：滤食性鱼类。主要以浮游生物为食。进入繁殖季后，当雨后水位上涨时，集群溯河营产卵洄游。

主要受胁因素：南渡江上梯级大坝阻碍了产卵洄游通道；电鱼、炸鱼等非法捕捞。

27 斑鳠

学　名：*Hemibagrus guttatus*
英文名：Spotted Longbarbel Catfish

识别特征： 体长，侧扁。头平扁，吻宽而圆钝，略似犁头状。口宽大，下位，弧形。上、下颌齿带弧形。唇厚，下唇中间不连续。两鼻孔略近，前鼻孔管状，后鼻孔前缘具鼻须。须4对，上颌须末端达腹鳍基；鼻须较短；颐须2对，外侧1对较长，可达鳃孔。眼睑游离。背鳍短，硬刺细短，后缘具细弱锯齿；胸鳍刺扁长，前缘锯齿细弱，后缘锯齿粗大；腹鳍与臀鳍均短，无硬刺；脂鳍高，起点接近背鳍，末端靠近尾鳍，后缘游离，圆形；尾鳍分叉，上叶略长。体呈棕色，腹部黄色，背鳍、脂鳍及尾鳍灰黑色。

生境与分布： 栖息于江河的底层。

生活史特征： 喜穴居。适宜生长水温18～30℃，最适生长水温20～28℃。以小型水生动物为食。生长速度从慢到快，再转慢，生长系数0.054。2龄以后生长速度明显加快，达生长拐点后才开始下降。性成熟为6～8龄，体重增长拐点年龄是12.36年。每年4月至6月繁殖，但在6月至8月也有成熟个体。在生殖季节，成熟的雌鱼喜在岩洞中或岩石丛中产卵（为黏性卵），雄鱼同时排精，精卵在水中受精，并在亲鱼的保护下孵化。在水温27.5℃的条件下，受精卵约经17.5h进入原肠期，胚胎孵化时间约为55h。

主要受胁因素： 人为干扰导致河流栖息地质量下降和萎缩以及过度捕捉。

28 海南疣螈

学　名：*Tylototriton hainanensis*
英文名：Hainan Knobby Newt

识别特征： 体较大，体长125～148mm。头部骨质棱显著。额鳞弧极粗壮。有眼睑，犁骨齿排列成倒"V"形。背正中有明显脊棱。皮肤极粗糙，满布瘰粒和疣粒，体侧具14～16枚圆形瘰粒。尾侧扁而较长，尾基部较宽，尾背鳍褶较高而平直，尾腹鳍褶低而厚，尾末端近钝圆。头骨宽度远大于头骨长，额鳞弧相对较窄。体背面棕褐色，指、趾端和肛周缘及尾下缘橘红色。

生境与分布： 海南特有种。常栖息于海拔770～950m的常绿阔叶林带山区。所在环境植被繁茂、林下阴湿、地面落叶及腐殖质层甚厚。

生活史特征： 繁殖期通常在每年4月至6月。产卵于静水底的枯叶下或树根旁潮湿的落叶层下，卵粒成堆或分散。卵呈圆形，直径3mm左右，动物极深棕色，植物极色较浅。胚胎长8～15mm时，头侧平衡枝呈短棒状；全长16～20mm时，平衡枝已消失，幼体在水中发育。

主要受胁因素： 栖息地质量下降。

29 鳞皮小蟾

学　名：*Parapelophryne scalpta*
英文名：Hainan Little Toad

识别特征：体小，体长19～27mm。体形平扁细长；头长几乎等于头宽；鼓膜明显；手与前臂等长，前臂及手长不及体长一半；指关节下瘤明显。后肢胫跗关节前伸达眼。指、趾末端圆，腹面吸盘状；第一、第二指间蹼发达，其余各指间仅基部具蹼；第一、第二趾内侧几乎全蹼，其余趾间仅基部具蹼；背、腹及体侧满布小疣粒；四肢背面具白色刺疣。咽喉部后方到胸部疣粒密集似鳞状；肛孔上方覆盖一小片浅色三角形皮褶。背面多为棕褐色，疣粒上略带红色；眼间具倒三角形斑，其后具2个前后排列的深棕色倒"V"形宽斑，四肢各部具1条横纹。腹面土黄色，咽喉及胸部略带灰蓝色。

生境与分布：海南特有种。常栖息于海拔350～1400m的常绿阔叶林区中小山溪附近潮湿的落叶间或石块上。

生活史特征：4月至6月产卵，怀卵量28～50粒。卵粒大，直径2.5mm，乳白色。白天和晚上均能发出略带颤抖的鸣声。

主要受胁因素：栖息地质量下降。

30 乐东蟾蜍

学　名：*Ingerophrynus ledongensis*

英文名：Hainan Pseudomoustache Toad

识别特征： 体长47～64mm。头宽明显大于头长；两眼间具褐色三角形斑；眼与耳后腺间具骨质隆起，两眼间骨质棱不明显；前臂及手长大于头体长的一半；背部前后具2个较明显的"八"字形深棕色斑纹；雄性第一、第二指上具密集的黑色小婚刺。后肢较短；前伸贴体时胫跗关节前达肩部。头顶皮肤光滑；背部散布疣粒及小刺疣，口角向后至体侧和四肢背面具明显的白色锥状刺疣；腹面密布白刺疣。头部背面深棕色；体背及四肢背面浅棕色。

生境与分布： 常栖息于海拔350～900m的常绿阔叶林区靠近溪流、较为潮湿的环境中。

生活史特征： 第39期蝌蚪全长约26mm，头体长11mm；刚完成变态的幼体头体长约8mm，残留尾长仅1～3mm。幼体白天在林间小路上活动，静水繁殖。

主要受胁因素： 栖息地质量下降。

31 虎纹蛙

学　名：*Hoplobatrachus chinensis*
英文名：Chinese Tiger Frog

识别特征：体大而粗壮，体长66～121mm。吻端超出下唇，吻棱钝，鼓膜大而明显。前肢短而强壮，第一指与第三指几乎等长，第二、四指较短；指端圆；第二、三指侧具厚缘膜，关节下瘤大而明显；无掌突。后肢短，胫跗关节前达眼后方；趾末端圆；趾间全蹼，第一、五趾游离部分缘膜发达。上眼睑具肤棱；肤棱之间散布小疣粒；胫部疣粒成行，跗部外侧及跖底部具细颗粒。体背面黄褐色或棕褐色略浅，背部、头侧及体侧具深色不规则的斑纹，咽部、胸部有灰棕色斑。

生境与分布：常栖息于丘陵地带的稻田、鱼塘、水坑和沟渠内。

生活史特征：成蛙捕食各种昆虫，也捕食蝌蚪、小蛙及小鱼等。雄蛙鸣声如犬吠。在静水内繁殖，繁殖期在3月下旬至8月中旬，5月至6月为产卵盛期。雌蛙每年可产卵2次以上，每次产卵763～2030粒。卵粒连成小片状，漂浮于水面，每片有卵十余粒至数十粒，卵径1.8mm左右。雌蛙可根据自身体大小选择合适的雄蛙。蝌蚪栖息于水塘底部。

主要受胁因素：农田改造、城市扩张导致的栖息地面积减少；污染导致的栖息地质量下降；过度捕捉。

32 脆皮大头蛙

学　名：*Limnonectes fragilis*
英文名：Fragile Large-headed Frog

识别特征：身体肥胖，体长36～69mm。头长大于或等于头宽；枕部隆起；雄蛙头部较大；背侧具雄性线；后肢较粗短，前伸贴体时胫跗关节达眼后角；左右跟部不相遇；指、趾末端球状而无横沟，趾间全蹼；关节下瘤较大；皮肤较光滑，极易破裂；从眼后至背侧各具1条断续成行的窄长疣；体背面多为棕红色，背中部具"W"形黑斑；四肢背面有黑横斑3～4条；腹面浅黄色。

生境与分布：海南特有种。常栖息于海拔290～900m山区平缓浅水的流溪内。喜栖息于溪内水量较小、小石块多、两岸有高大乔木或灌丛的地方。

生活史特征：成蛙白天多在浅水流溪石间或石下活动，行动甚为敏捷，跳跃力强，稍受惊扰立即用后肢翻起浪花，随后潜入石下或石间。因蛙体皮薄、肉嫩、骨骼脆，捕捉时用力稍大，则导致蛙体皮破、骨折。卵的直径为2mm左右，动物极黑褐色，植物极乳白色。蝌蚪底栖于石块下或石间，常潜入水底泥沙或石缝中，数量甚少。6月间常见各期蝌蚪及刚变态的幼蛙。

主要受胁因素：栖息地质量下降、栖息地破碎化和过度捕捉。

33 海南湍蛙

学　名：*Amolops hainanensis*
英文名：Hainan Torrent Frog

识别特征：体长60～80mm。头长、宽几乎相等；鼓膜小；下颌前侧具2个发达的齿状骨突；雄蛙前臂及手长超过体长之半，雌蛙儿乎达体长之半；雄蛙无声囊，无雄性线，无婚垫，雄蛙仅个体略大于雌蛙；后肢贴体前伸达眼部或眼后；趾端扁平，均有吸盘及边缘沟，趾吸盘稍小于指吸盘，趾间全蹼。皮肤较粗糙，背部满布疣粒，颞部、体侧及股后的疣粒大而明显；眼后枕部两侧隆起较高，无背侧褶。生活时背面橄榄色或黑褐色，有不规则的黑色或深橄榄色花斑。

生境与分布：海南特有种。常见于海拔80～850m水流湍急的溪边岩石上或瀑布直泻的岩壁上。

生活史特征：成蛙白天常攀爬在瀑布旁的悬崖绝壁上，受惊扰后跳入瀑布内崖缝中，晚上多在溪边石上或灌木枝叶上。繁殖期为4月至8月。卵群成团贴附在瀑布内岩缝壁上。卵径2.7mm左右，乳黄色。第36～38期蝌蚪全长平均50mm，头体长16mm左右。蝌蚪栖息于溪面宽阔、两岸植被丰茂、溪内多巨石的急流水中，常吸附在石块底面。

主要受胁因素：栖息地质量下降。

34 平胸龟

学　名：*Platysternon megacephalum*
英文名：Big-headed Turtle

识别要点： 头大，呈三角形，且头背覆以大块角质硬壳，上喙钩曲呈鹰嘴状，眼大，无外耳鼓膜。背甲棕褐色，长卵形且中央平坦，前后边缘不呈齿状；腹甲呈橄榄色，较小且平；背腹甲借韧带相连，背甲与腹甲之间具3～5枚下缘盾。四肢灰色，具瓦状鳞片；后肢较长，除外侧的指、趾外，有锐利的长爪，指间和趾间均有半蹼。尾长，个别已超过自身背甲的长度，尾上覆以环状短鳞片。背甲长可达20cm。

生境与分布： 主要生活在高山溪流及其附近。

生活史特征： 该物种生活于多岩石或砂石的山溪中，栖息地阴凉、溪水清澈，常隐蔽于水下石洞中。平胸龟对其所选择的水生微生境高度依赖，当从中被移出后，往往能成功回到原微生境中，具有归家行为。野外多见于凌晨或黄昏活动。为肉食性龟类，野生个体的粪便中常含有未完全消化的螃蟹残肢和外壳碎片。该龟产卵多集中在5月下旬至8月中旬，可产卵多次，每次产1枚或2枚。卵大小为（21～22）mm×（41～50）mm，卵重6～12g，卵壳钙质、白色。

主要受胁因素： 该物种对其微生境的忠诚度极高，栖息地破坏将威胁到该物种的生存。

35 花龟

学　名：*Mauremys sinensis*
英文名：Chinese Strip-necked Turtle

识别特征： 头背面栗色，侧面及腹面色较淡。眼大，眼裂斜置。有鲜明的黄绿色细纹从吻端经眼和头侧，并沿头的背、腹向颈部延伸，约20条，在咽部还形成黄色的圆形花纹。体较扁。背甲具3条纵棱，脊棱明显，背甲的每一枚盾片皆有同心圆纹；腹甲黄色，每一枚盾片均有黑斑。四肢具黄色纵纹，略呈圆柱状，前缘有横列的大鳞。尾渐尖细，有黄色纵纹。背甲长可达30cm。

生境与分布： 主要栖息于低海拔的池塘以及缓流的河中。

生活史特征： 野外观察发现温度为21～32℃时，该龟活动频繁。日活动主要集中在上午和中午，晴天活动较强。主要以昆虫、鱼类和软体动物为食。雌龟产卵前活动较为强烈，一般在天黑后上岸，选择好巢址后开始挖洞，洞呈口小底大的灯泡形。每年产卵4～8枚，卵重（9.55±2.50）g，卵的大小为（3.32±0.43）cm×（2.25±0.13）cm。

主要受胁因素： 由于该物种主要栖息在低海拔的池塘和河流中，而这些栖息地遭受人为干扰严重，导致其种群数量下降。

36 黄喉拟水龟

学　名：*Mauremys mutica*
英文名：Asian Yellow Pond Turtle

识别特征：头顶平滑，橄榄绿色；上喙正中凹陷；鼓膜清晰；头侧有2条黄色线纹穿过眼部；喉部淡黄色。背甲扁平，棕黄绿色或棕褐色，具3条纵棱：中央的脊棱较明显，随年龄增长，背甲颜色变深；两侧纵棱越来越弱。腹甲黄色，每枚盾片外侧有大黑斑。四肢较扁，外侧棕灰色，内侧黄色；前肢5指，后肢4趾，指、趾间有蹼；尾细短。背甲长可达17cm。

生境与分布：栖息于丘陵地带、山区的山间盆地和河流等水域。

生活史特征：杂食性，食物主要包括蚯蚓、多种昆虫、鱼、蛙、蝌蚪、田螺及植物果实等。产卵期多在5月至9月，7月为高峰期，且多发生在夜间或黎明前。该物种一年可以产卵1～4次，每次产卵4～7枚。卵为长椭圆形，壳白色或灰白色，似蚕茧；卵大小为（34.1～55.3）mm×（17.5～26.7）mm，卵重10.41～20.62g。孵化期2～3个月。

主要受胁因素：由于该物种栖息于山间溪流的中下游及其附近，这些栖息地遭受人为干扰严重，是其主要受胁因素。

37 三线闭壳龟

学　名：*Cuora trifasciata*
英文名：Chinese Three-striped Box Turtle

识别特征：头背部黄色或黄橄榄色；喙缘及鼓膜黄色，并连成一线，向后延伸；头侧栗色或橄榄色，中间色较浅，上下缘色深。瞳孔黑色，虹膜黑中带金黄色，喉部黄色。吻端略突出，上喙中央微钩曲。背甲淡棕色或棕色，中心疣轮棕黑色，并有棕黑色放射纹；卵圆形，前缘微凹或平，后缘圆，具3条黑色纵棱，脊棱明显。背甲长约20cm。

生境与分布：海南特有亚种。生活于山谷溪流中，喜欢选择较隐蔽的地方栖息。

生活史特征：适宜生长温度为24～32℃。在此温度范围内，其活动频繁，摄食量大，生长速度快。杂食性，在野外主要以小鱼、小虾、蚯蚓、水生昆虫等动物为食，也吃少量植物果实。雌性通常7年左右达到性成熟，雄性个体为4～5年；每年4月至5月和9月至10月、气温为20～28℃及水温为16～25℃时，为其发情交配季节。5月至9月为产卵季节。通常每年产卵1次，每窝2～8枚。卵白色，壳坚厚，呈长椭圆形，大小为（40～45）mm×（25～32）mm，重13～35g。

主要受胁因素：该物种由于其漂亮的甲壳和商业炒作，早年间遭到严重的非法猎捕，导致海南分布的种群数量急剧下降，其生存受到严重威胁。

38 黄额闭壳龟

学　名：*Cuora galbinifrons*
英文名：Indochinese Box Turtle

识别特征： 背甲长可达20cm。头橄榄色、淡黄色或金黄色，有不规则的棕黑色斑。头顶部皮肤平滑无鳞，枕部被小鳞。眼后具1条金色纵纹达鼓膜处。颈部背面灰黑色，腹面浅黄色。背甲高隆，中央与周缘为棕黑色，两侧为浅黄色或金黄色。颈盾极窄长；椎盾5枚，宽大于长；肋盾4对；缘盾11对，前后两侧缘略向上翻；臀盾1对。腹甲黑褐色，前后缘均圆而无凹缺；四肢被覆鳞片，呈覆瓦状排列。前肢黄色，外侧有黑褐色宽纵纹；后肢背面灰褐色，腹面浅黄色。

生境与分布： 主要分布于海拔700～1800m的常绿季雨林中。常生活于竹林密集区域，且竹林中竹子种类由相对单一的白节藤竹所组成，地表草本贫乏，地势较平坦，地表层由倒竹与落叶形成的腐殖质厚度一般为3～15cm，常隐藏在这些竹根旁的落叶内。

生活史特征： 杂食性，在野外主要取食昆虫幼虫和大型真菌。野外观察发现黄额闭壳龟求偶行为常见于3月底至9月，产卵时间为5月至7月，窝卵数为（1.20±0.45）枚。卵壳白色光滑，卵呈长椭圆形，卵重为（31.47±4.49）g，卵长（6.07±0.45）cm，卵宽（3.02±0.12）cm。

主要受胁因素： 该物种的窝卵数极少、繁殖能力较弱、栖息地特殊，栖息地破坏对其生存影响较大。

39 锯缘闭壳龟

学　名：*Cuora mouhotii*
英文名：Keeled Box Turtle

识别特征： 背甲长约19cm；头顶浅棕黄色，前部平滑，后部具不规则的大鳞；头背部为灰褐色至红褐色，散有蠕虫状花纹；上喙钩曲；眼较大。背甲呈棕黄色至棕红色，具3条纵棱；背甲中央平坦，两侧几成直角向下，微向外斜达甲缘；背甲前缘无齿状突，后缘具8个明显锯齿状突；颈盾长而窄，部分个体缺失。腹甲大而平坦，呈黄色，边缘具有不规则的大黑斑，前缘平切，后缘缺刻深；背腹间及胸腹间具不发达的韧带；腹甲仅前半部可活动，龟壳后缘不能全闭合。

生境与分布： 主要栖息于海拔300～1000m的山地雨林。该物种生活大环境与黄额闭壳龟类似，但偏爱林下多石缝的微生境。

生活史特征： 杂食性，在野外主要取食蜗牛、昆虫、植物的嫩根和真菌等。产卵时间为5月至8月，窝卵数1～6枚。卵长为（4.36±0.34）cm，卵宽为（2.62±0.13）cm，卵重为（18.82±2.89）g。

主要受胁因素： 生境破坏会威胁其食物来源和栖息场所，非法捕捉也威胁该物种的生存。

40 地龟

学　名：*Geoemyda spengleri*
英文名：Black-breasted Leaf Turtle

识别特征：头部较小，浅棕色。上喙钩曲，有些像鹰嘴。眼睛大且向外突出。头部两侧有浅黄色条纹。前、后肢散布有红色的鳞片。背部比较平滑；背甲呈金黄色或橘黄色，中央具3条纵向的棱；背甲的前后边缘有齿状的突起。腹甲棕黑色，两侧有浅黄色斑纹，甲桥明显，背腹甲间借骨缝相连。后肢浅棕色，散布有红色或黑色斑纹，指、趾间具蹼，尾细短。背甲长6～10cm。

生境与分布：栖息于海拔700m左右山高林密的沟谷雨林中。生活在林下郁闭度80%以上，林内阴暗潮湿，小灌木和草本植物贫乏，乔木、藤本植物和竹子较丰富，且地表大石块、石缝多的地方。

生活史特征：杂食性，摄取昆虫、蠕虫及植物的叶和果实等。地龟在海南的繁殖期在3月至7月，窝卵数1枚左右。

主要受胁因素：适宜栖息地减少和非法贸易。

41 海南四眼斑水龟

（原四眼斑水龟*Sacalia quadriocellata*）

学　名：*Sacalia insulensis*
英文名：Hainan Four Eye-spotted Turtle

识别特征： 头背有2对色彩相同、中间各有1个黑点的眼斑，雄性眼斑青色，雌性为黄色。颈有多条黄色纵纹。雄性腹甲多有黑色小斑点，雌性多为大块黑斑。该物种是从四眼斑水龟中独立出来的新物种，与四眼斑水龟的形态差异体现在：体形较小，成体背甲长约11.8cm，头顶第二对眼斑内侧边缘一般相距较宽，大多呈倒"几"字形；下颌分布多个红色（雄）或黄白色（雌）小斑块。

生境与分布： 海南特有种。栖息于海拔200～1100m的山间清澈溪流中。

生活史特征： 杂食性，取食范围较广，但主要以水生植物为食，昼夜均取食，夜间取食多于白天。取食植物性食物主要是水绵属、颤藻属、轮藻科等藻类及桑科榕属植物的落果及落花；动物性食物主要是鞘翅目、直翅目昆虫及小螺、小虾、螃蟹等。产卵期1月底至4月初，高峰期为3月；窝卵数1～3枚，主要为2枚。卵椭圆形，卵壳乳白色，表面光滑，平均重（17.09 ± 0.756）g，平均长径（48.857 ± 0.979）mm，平均短径为（23.542 ± 0.294）mm。孵化天数为98～146d，平均为（121.31 ± 14.22）d。幼龟在6月底至7月中旬出壳，高峰期为7月初。

主要受胁因素： 该物种对水质要求较高，生境破坏、环境污染和人为捕捉威胁其生存和繁殖。

42 山瑞鳖

学　名：*Palea steindachneri*
英文名：Wattle-necked Softshell Turtle

识别特征： 体中等，背甲长约430mm。颈两侧各有1团大疣粒，棕绿色至灰黑色，前缘具1排粗大疣粒。腹甲粉白色，有模糊的大暗斑，外缘乌灰色。背甲皮肤革质，具裙边，背甲前缘向后翻褶而形成发达的缘嵴并具1列大瘰粒；背甲中央有1条纵棱。腹板退化，上腹板呈长条形，与内腹板相切；内腹板的两侧支向后尖出；剑腹板下角较圆；腹甲上具4～6个胼胝体。幼体眼后有1枚黄白色宽斑，成体消失。

生境与分布： 栖息于山区河流及池塘中。在海南的具体分布地点不详。

生活史特征： 主要以软体动物、甲壳动物及鱼为食，晚上的摄食量较大。主要在夜间活动，白天在岸边晒太阳，遇惊吓则潜入水中或隐于水底的淤泥及细沙内。活动受季节性水温影响，水温低于12℃时，潜入水底淤泥或细沙中冬眠；当水温回升至15℃以上时，随着水温升高活动变得频繁。该物种繁殖集中在每年的4月至10月，交配后15～20d开始产卵，多在雨过天晴的夜晚爬到岸上，在湿润疏松的沙滩或泥土中挖穴产卵，穴深11～18cm，每窝卵3～18枚，卵重8.2～13g，卵径18～30mm。在温度22～32℃时孵化期为69～85d。

主要受胁因素： 该物种体形较大，多年未在海南野外发现，淡水栖息地的完整性被破坏威胁其生存。

43 霸王岭睑虎

学　名: *Goniurosaurus bawanglingensis*
英文名: Bawangling Leopard Gecko

识别特征: 体长10～18cm。头略呈三角形，头长大于头宽。吻端钝圆；耳孔大；颈部明显；四肢细长；尾较短，长度不及头体长。颈前部具1条金褐色镶黑边的色带，呈弧形，色带两侧分别沿头侧向前延伸至下眼睑；前肢和后肢之间具3条金褐色镶黑边的色带，第一条位于前肢后，第二条位于躯干正中部，第三条位于后肢前方约1cm处。尾基部具1条金褐色镶黑边的色带。腕部具平滑扩大的覆瓦状鳞；尾环在腹面不相接。

生境与分布: 海南特有种。常栖息于海拔180～900m热带、亚热带次生林、人工林的花岗岩、砂石、石灰岩地带。

生活史特征: 夜行性。主要以白蚁、蟑螂等为食。窝卵数为1～3枚，87%的窝卵数为2枚。

主要受胁因素: 该物种种群分布区狭窄，受胁因素为栖息地的破碎化和人为捕捉。

44 海南睑虎

学　名: *Goniurosaurus hainanensis*
英文名: Hainan Leopard Gecko

识别特征: 体长10～16cm。头颈较长，尾粗短。头背棕褐色，躯干及尾背均为暗紫褐色；颈前部具1条淡黄色的色带，略呈弧形，色带两侧分别沿头侧向前延伸至下眼睑；前肢和后肢间具2条淡黄色的色带，第一条位于前肢后，第二条位于躯干中部略靠后。尾基部具1条淡黄色的色带。腕部不具平滑扩大的覆瓦状鳞；尾环在腹面相接。

生境与分布: 海南特有种。常栖息于海拔80～750m热带雨林或季雨林的潮湿地面，也见于山洞、喀斯特地貌的岩隙中。

生活史特征: 夜行性；日活动节律受温度影响，常呈双峰型，当环境气温和地表温度低于20℃，洞外活动个体数量明显变少，甚至停止活动。主要以蚂蚁、蚊子、飞蛾等动物为食。繁殖期为3月至10月，繁殖高峰期为7月至8月，大部分窝卵数2枚，少数1或3枚，具年产多窝卵的特点。卵长径、卵短径和窝卵重与卵均重呈显著相关。卵孵化温度为22～26℃，孵化湿度为80%～95%，孵化周期为65～70d，出壳过程持续约2h。

主要受胁因素: 生境与霸王岭睑虎类似，人为捕捉和生境破碎化威胁其生存。

45 周氏睑虎

学　名：*Goniurosaurus zhoui*
英文名：Zhou's Leopard Gecko

识别特征：全长15～20cm。头呈三角形。头、身体、四肢的背侧呈淡紫褐色。眉骨外凸。颈前部具1条浅灰色色带，呈弧形，色带两侧分别沿头侧向前延伸至下眼睑；前肢和后肢间具3条浅灰色色带，第一条位于前肢后部，第二条位于躯干中部，第三条位于后肢前部。尾基部具1条浅灰色色带。原生尾细长，在基部最粗，具6～7条白色尾环。

生境与分布：海南特有种。常栖息于海拔300～500m的热带、亚热带常绿阔叶林中岩壁附近。

生活史特征：夜行性。主要以白蚁、蚊子、蟑螂等动物为食。繁殖期为3月至10月，窝卵数1～2枚，具年产多窝卵的特点。

主要受胁因素：生境与霸王岭睑虎类似，分布区狭窄，人为活动干扰和生境破碎化威胁其生存。

46 中华睑虎

学　名：*Goniurosaurus sinensis*
英文名：Zhonghua Leopard Gecko

识别特征：体长9～11cm。头略呈三角形，头长大于头宽。吻端钝圆，耳孔大，颈部明显，雄性具肛前孔23～27个。成体背部棕褐色，具斑驳分布的不规则黑褐色斑点。颈前部具1条浅灰色色带，略呈弧形，色带两侧分别沿头侧向前延伸至下眼睑；四肢细长；前肢和后肢间具2条浅灰色色带，第一条位于前肢后部，第二条位于躯干中部略靠后；尾基部具1条浅灰色色带；色带的前后边缘都镶宽的深色带，色带边缘模糊。自股部至膝部具金斑。尾部具6条白色尾环，其前后缘均镶黑色边；白色尾环仅延伸至腹侧，左右不相连；尾端白色。

生境与分布：海南特有种。常见于热带常绿阔叶林中湿润的石灰岩地区。

生活史特征：夜间活动。野外3月至4月可见怀卵个体，窝卵数1～2枚。

主要受胁因素：生境与霸王岭睑虎类似，其分布区狭窄，生境破碎化威胁其生存。

47 海南脆蛇蜥

学　名：*Ophisaurus hainanensis*
英文名：Hainan Glass Lizard

识别特征： 体长约65cm。身体呈圆柱形；耳孔极小，远小于鼻孔，呈针尖状。头体背正中8行鳞片具深褐色细点斑，尾两侧各具1条深色细线纹。吻鳞半圆形；前额鳞3枚，排成2列，前列单数，后列2枚，左右相接，并列在单数前额鳞和额鳞间；鼻鳞与单枚前额鳞间具2枚小鳞；顶间鳞宽于顶鳞；眶上鳞5枚。上唇鳞11枚；下睫鳞与上唇鳞间具1列眶下鳞；颏鳞小，呈三角形；下唇鳞与颏片间具2行小鳞。两侧沟间背鳞纵列20行，横列94行。背鳞仅在后部体长2/3处的中间6行鳞片带有弱棱，其余光滑无棱；腹鳞光滑，尾下鳞光滑。无四肢或仅具退化的后肢。肛孔横裂。

生境与分布： 海南特有种。常栖息于海拔950m左右山区的湿润地带。

生活史特征： 营地下生活，也见于腐殖质下。

主要受胁因素： 作为中药材被过度利用。

48 蟒蛇

学　名：*Python bivittatus*
英文名：Burmese Python

识别特征： 大体形无毒蛇，全长3~5m。头小，吻端较平扁，吻鳞宽大于高。头颈部背面具1个暗棕色矛形斑。头侧具1个始于鼻孔，经眼前鳞、眼斜向口角的黑色纵斑。眼下具1条黑纹向后斜向唇缘，下唇鳞略具黑褐斑。鼻孔位于鼻鳞两侧，鼻间鳞长度不到宽度的1.5倍，其后具1对较大前额鳞；额鳞成对；眼中等大小，瞳孔直立，呈椭圆形；头顶、颞部均具较小鳞片；第1、2上唇鳞具唇窝；体鳞光滑无棱；肛鳞完整；泄殖肛孔两侧具爪状后肢残迹。头部腹面黄白色，体背棕褐色、灰褐色或黄色，体背及两侧均具大块镶黑边的云豹状斑纹、体腹黄白色。

生境与分布： 常栖息于热带、亚热带常绿阔叶林或常绿阔叶藤本灌木丛或洞穴内。

生活史特征： 喜攀援树上或浸泡水中。全天均具捕食行为，多夜晚捕食。主要以两栖爬行动物、鸟类、小型兽类为食。卵生，交配期一般在3-8月，雌性有蜷伏卵堆上利用自身体温孵化的习性。

主要受胁因素： 适宜栖息地面积下降。

49 海南尖喙蛇

（原尖喙蛇 *Gonyosoma boulengeri*）

学　名：*Gonyosoma hainanense*
英文名：Hainan Green Sharp-snouted Snake

识别特征：中等体形无毒蛇，全长1m左右。吻端尖出，被小鳞，翘起；头颈区分明显；躯体具侧棱。通体背面深绿色，上唇鳞下缘白色，背鳞具黑色或白色边缘或散布白斑；躯干两侧蓝色或黑色。腹面浅绿色，侧棱白色，呈白色纵纹，延伸至尾末。颊鳞2枚；眶前鳞1枚，眶后鳞2枚；颞鳞（2+3）枚或（2+2）枚；上唇鳞9枚；下唇鳞10枚（个别一侧11枚），前5枚（个别一侧4枚）接前额片；额片2对；背鳞19～19～15行，腹鳞220～227枚，具侧棱；肛鳞二分；尾下鳞117～132对。该物种2021年从尖喙蛇中独立出来，主要区别是其成体无黑眉、颊鳞2枚。

生境与分布：海南特有种。常栖息于山区茂密树林中。

生活史特征：树栖。具缠绕性。主要以小型蜘蛛和鸟为食。繁殖期为3月至6月。

主要受胁因素：路杀是其在海南热带雨林国家公园受到的主要受胁因素，曾在吊罗山上山公路发现多条被路杀的海南尖喙蛇。

50 眼镜王蛇

学　名：*Ophiophagus hannah*
英文名：King Cobra

识别特征： 大型毒蛇，全长可达4m。头椭圆形，与颈区分明显；颈部平扁，略扩大。头背浅棕褐色，鳞沟黑色；上唇较头背色浅淡，鳞沟色较浅淡；头腹白色无斑；颈背具"Λ"形的黄白色斑纹；躯尾背面棕褐色，部分鳞片黑色或黑褐色，构成若干横斑；尾背具明显的黑色横斑；躯干腹面前段白色无斑；躯干腹面后段均为黑色；尾腹除环绕一周的黑色环纹外，其余尾下鳞边缘均为黑色；头背除对称排列的9枚大鳞片外，在顶鳞后具1对较头背其余鳞片大的枕鳞。

生境与分布： 常栖息于海拔1800m以下山区的林区边缘近水处，也见于林区村落附近，或隐匿于石缝或洞穴中。

生活史特征： 喜欢独居，行动敏捷，头部可灵活转动，可攀爬上树。白天活动，以捕食蛇类为主，也可捕食鸟类与鼠类。当食物不充足时，也会捕食同类。受到惊扰时身体的前1/3会立起，并张开嘴，露出毒牙。卵生，一般6月产卵，窝卵数20余枚。用落叶和枯枝筑巢穴，具护卵行为。

主要受胁因素： 该物种由于长期没有列入国家重点保护名录，种群数量急剧下降，原因包括栖息地的破坏和人类的捕杀。

51 红原鸡

学　名：*Gallus gallus*
英文名：Red Junglefowl

识别特征： 大型雉鸡类，体长53~71cm，体重550~1050g。雄鸟头顶红色，耳羽簇浅栗色；后颈和上背羽金红色；脸、颏、喉及前颈裸出部分均为红色；背和两翅矛状羽下覆羽绿黑色。雌鸟头顶棕黄色，具黑色斑点；头上具较小的红色肉冠；耳羽簇栗色；后颈羽毛较长；颏、喉白色沾棕色；喉下无肉垂。海南亚种雄鸟颈部矛翎长度小于10cm，暗红色；雌鸟后颈羽缘呈棕色。

生境与分布： 常栖息于海拔2000m以下的低山丘陵和山脚平原地带的常绿阔叶林、混交林、次生林等生境，偶尔也见于村落附近。

生活史特征： 常成3~5只或6~7只的小群活动，偶成10~20只的大群。性机警且胆小，看见人或听见声响便迅速钻入林中或灌丛中逃跑，危急时振翅飞翔，每次飞行数十米至上百米远，落地后又继续潜逃。早晨和傍晚活动频繁，晚上在树上栖息。主要以植物叶、花、幼芽、种子等为食，也捕食昆虫等动物。繁殖期为2月至5月，窝卵数通常6~8枚。常营巢于林下灌木发达、干扰较小的茂密森林中，置于树脚旁边或灌丛与草丛中。留鸟。

主要受胁因素： 盗猎以及存在与家鸡杂交的可能。

52 白鹇

学 名：*Lophura nycthemera*
英文名：Silver Pheasant

识别特征：大型鸟类，体长65～114cm，体重1150～2000g。雄鸟体羽有黑白相间的花纹。与其他亚种不同，海南亚种的雌鸟胸部也有黑白色花纹；雌鸟脸颊裸皮红色；上体橄榄褐色至栗色；下体具褐色细纹或杂白色或皮黄色，具褐色冠羽；外侧尾羽黑色、白色或浅栗色。脚红色。

生境与分布：海南特有亚种。常栖息于海拔2000m以下的亚热带常绿阔叶林中。

生活史特征：成对或成3～6只的小群活动，冬季多达16～17只集群。性机警，受惊时多由山下往山上奔跑，一般较少起飞，紧急时也会飞上树。具一定的领域性。夜晚成群栖于高树上。主要以植物幼芽、块根、果实和种子为食，也捕食蚂蚁、蜗牛、鳞翅目昆虫等动物。繁殖期为4月至5月，窝卵数通常4～8枚。婚配方式为一雄多雌制，雄鸟求偶炫耀为侧面型，雄鸟之间常为争夺配偶而争斗。营巢于林下灌丛间地面凹处或草丛中。留鸟。

主要受胁因素：盗猎以及森林砍伐和树种改造导致的栖息地丧失和破碎。

53 栗树鸭

学　名：*Dendrocygna javanica*
英文名：Lesser Whistling Duck

识别特征： 中小体形鸭类，体长36～42cm，体重400～600g。头顶暗色，眼圈黄色，头扁，颈细。具朱红色覆羽，翼下黑色。尾上覆羽、下胸和腹栗红色，眼具狭窄的黄色眼圈，脚较长，喙、脚为黑色。

生境与分布： 常栖息于植物丰盛的池塘、湖泊、水库等水域，也见于林缘沼泽和溪流中。

生活史特征： 常成几只到数十只的群体活动，也成数百只的大群。性极为机警，常有几只不时引颈观望，受惊时率先起飞，其他个体跟随起飞。飞行力弱，善游泳和潜水。主要以稻谷、作物幼苗、青草和水生植物等植物性食物为食，也捕食昆虫、螺、蜗牛、蛙和小鱼等动物性食物。常在黄昏时觅食。繁殖期为5月至7月，窝卵数通常8～14枚。留鸟。

主要受胁因素： 盗猎；水体面积减少、河流开发与水系改造导致水系连通性降低；栖息地丧失。

54 紫林鸽

学　名：*Columba punicea*
英文名：Pale-capped Pigeon

识别特征： 中等体形鸟类，体长35cm左右，体重535g左右。整体呈红褐色，额、头顶至枕部银灰色，眼先和眼下灰白色。后颈淡棕色，具紫红色金属光泽；上背和翕栗红色，具宽的金属绿色羽缘；颈侧和喉淡棕色，具光泽。下体葡萄栗色而杂黄铜色；喉和胸具明显黄铜色光泽，往后至尾下覆羽变为带黑的浅葡萄栗色。虹膜黄色；喙红色，尖端白色。

生境与分布： 常栖息于山地阔叶林和次生林及其林缘地带。

生活史特征： 常单独或成对活动，偶尔也成小群。性活泼，飞行快而有力。主要以浆果、无花果等植物果实和种子为食，也取食农作物种子。繁殖期为5月至7月，窝卵数1枚。常营巢于山地常绿阔叶林、小块丛林或竹林内。留鸟。

主要受胁因素： 非法捕猎与树种改造导致的栖息地丧失和破碎。

55 斑尾鹃鸠

学　名：*Macropygia unchall*
英文名：Barred Cuckoo Dove

识别特征：中等体形鸟类，休长33～41cm，体重160　230g。雄鸟前额、眼先、颊、颏和喉浅黄色，头顶粉灰色；后颈和颈侧绿褐粉色，具金属光泽；其余上体包括翅上小覆羽、中覆羽及数枚内侧飞羽均为黑褐色；其余翅覆羽和飞羽暗褐色；中央尾羽与背同色，为黑褐色而杂棕栗色横斑；外侧尾羽暗灰色，具黑色次端斑；上胸红铜色，具绿色光泽；下胸较浅淡；腹淡黄色；尾下覆羽暗棕色。雌鸟和雄鸟相似，但上体光泽少；从头顶至尾均具黑色横纹；尾长。

生境与分布：常栖息于山地森林中，冬季也常见于丘陵和山脚平原地带的耕地和农田。

生活史特征：常成对活动，偶尔单只活动。迁徙时成群。行动从容，不甚怕人，见人后不立刻飞走，总要停留对视片刻才起飞，落地时尾竖起。主要以榕树果实和其他植物浆果、种子为食，有时也取食稻谷等农作物。繁殖期为5月至8月，窝卵数通常1～2枚。营巢于茂密的森林中，有时也在竹林中营巢。留鸟。

主要受胁因素：树种改造导致结果实的树种减少，造成其食物短缺。

56 橙胸绿鸠

学　名：*Treron bicinctus*
英文名：Orange-breasted Green Pigeon

识别特征： 小型鸟类，体长24～29cm，体重135～200g。雄鸟前额、眼先和头顶为黄绿色，眼周裸露皮肤紫蓝色；枕部、后颈和上背均为蓝灰色；背部、肩部、腰部、尾上覆羽和翅上小覆羽均为褐绿色；颊部、喉部和前颈均为绿色；颏部和喉部中央为黄色；上胸部具1条宽的红紫色横带，其后具1条更宽的棕橙色横带；下胸淡黄绿色；腹部为黄绿色；体侧灰绿色；尾下覆羽棕色。雌鸟与雄鸟的羽色相似，胸部绿黄色，尾下覆羽淡棕黄色，背部、肩部具较多棕褐色。

生境与分布： 常栖息于山地、丘陵和低海拔的热带雨林及次生林中。

生活史特征： 常单独或成5～6只的小群活动。喜欢栖息于枯立的树顶枝上，不甚怕人。主要以榕树果实为食，也取食其他植物的果实与种子。繁殖期为4月至7月，窝卵数2枚。营巢于林中小树上，也在相对高的灌木树上和竹丫上营巢。留鸟。

主要受胁因素： 树种改造导致结果实的树种减少，造成其食物短缺。

57 厚嘴绿鸠

学　名：*Treron curvirostra*
英文名：Thick-billed Green Pigeon

识别特征： 小体形鸟类，体长21～29cm，体重105～290g。雄鸟前额和眼先灰色；眼周裸露皮肤蓝绿色；头顶暗灰色；枕和后颈橄榄绿色；腰和尾上覆羽橄榄绿色，尾上覆羽较亮并缀黄色；中央尾羽橄榄绿色，外侧尾羽灰色，中央具黑色横带；颊、耳覆羽、颔和喉的两侧、胸及下体橄榄绿色，颔和喉的中央黄色。雌鸟上体橄榄绿色，整体羽色深绿色；尾下覆羽皮黄色。海南亚种头顶灰色多沾绿色，枕部呈污绿色。

生境与分布： 海南特有亚种。常栖息于山地、丘陵的原始森林、常绿阔叶林和次生林中。

生活史特征： 常成群活动，有时集群多达近百只。早晚活动频繁。常栖息于枯立树枝上。主要以榕树的果实为食，也取食其他植物的果实与种子。繁殖期为5月至8月，窝卵数2枚。营巢于林中小树或灌木枝杈上，也在竹丫上营巢。留鸟。

主要受胁因素： 树种改造导致结果实的树种减少，造成其食物短缺。

58 红翅绿鸠

学　名：*Treron sieboldii*
英文名：White-bellied Green Pigeon

识别特征：中等体形鸟类，体长21～33cm，体重200～340g。雄鸟头顶橄榄色，头侧和后颈为灰黄绿色；颈部灰色，常形成1个带状斑；中央1对尾羽为橄榄绿色；额部、喉部为亮黄色；胸部为亮黄色而沾棕橙色；腋羽和翼下覆羽灰色；腿覆羽黄褐色或棕白色，缀有灰绿色。雌鸟羽色与雄鸟相似，但颏部、喉部为淡黄绿色，头顶、胸部、背部和翼上覆羽暗绿色。海南亚种背部栗红色，腹橙黄色至棕黄色，翅长通常小于18.5cm。

生境与分布：海南亚种。常栖息于山地针叶林和针阔混交林中，有时也见于林缘耕地。

生活史特征：常成小群或单独活动。飞行快而直，能在飞行中突然改变方向；飞行时，两翅扇动频繁，并伴随"呼呼"的振翅声。主要以山樱桃、草莓等浆果为食，也取食其他植物的果实与种子。多在乔、灌木上觅食，也在地上觅食。繁殖期为5月至6月，窝卵数2枚。营巢于山沟或河谷边的树上和灌木上。留鸟。

主要受胁因素：树种改造导致结果实的树种减少，造成其食物短缺。

59 绿皇鸠

学　名：*Ducula aenea*
英文名：Green Imperial Pigeon

识别特征：中等体形鸟类，体长36～43cm，体重508～600g。头部、颈部和下体淡蓝灰色，微缀葡萄红色；尾下覆羽暗栗色；前额白色；背部、肩部、腰部、尾覆羽和翅覆羽均为亮金属铜绿色或墨绿色；上背和两肩有时也具红铜色光泽；背部和腰部有时也具黑色的羽端；尾羽颜色和背部相似，同为金属铜绿色，但缺少金属光泽和具更多蓝色。虹膜红色；喙为铅褐色至铅黑色，端部象牙白色，有时沾橙红色；脚暗紫红色或褐橙色。

生境与分布：常栖息于平原、河谷和丘陵地带的阔叶林和次生林中，也见于居民点附近的小块丛林及榕树和橄榄树上。

生活史特征：常单个或成对活动。常在树冠层活动，在早晨和黄昏活动频繁。常栖息于大树顶端的枯枝上，一般较少在地面活动。主要以榕果等植物果实为食，有时也捕食昆虫。繁殖期为4月至7月，窝卵数通常1～2枚。营巢于森林中树木枝杈上。留鸟。

主要受胁因素：原生的常绿阔叶林被大量破坏，栖息地减少；林木树种改造，导致其栖息地严重受损。

60 山皇鸠

学　名：*Ducula badia*
英文名：Mountain Imperiai Pigeon

识别特征：中等体形鸟类，体长38～47cm，体重38～57g。前额、头顶和头侧均为浅灰色，后颈为淡粉色；肩、上背、翅上的小覆羽和中覆羽为紫红色；下背、腰和尾上覆羽为灰褐色；尾黑褐色，具灰褐色宽端斑；飞羽黑色；大覆羽灰褐色，具淡栗色羽缘；胸、腹为淡葡萄灰色，两胁和腋羽灰色；尾羽黑褐色，端部灰黑色；尾下覆羽皮黄色或淡棕白色；颏、喉白色。虹膜灰白色；喙橙红色或暗橙红色，尖端暗褐色；脚橙红色或淡紫橙红色。

生境与分布：常栖息于山地常绿阔叶林中。

生活史特征：常成小群活动，偶尔也集成10只左右的大群。多在林中高大乔木的树冠层活动。清晨和傍晚常栖于树冠层。飞行快而有力，两翅扇动频繁，并伴随"呼呼"的振翅声。主要以植物果实为食。繁殖期为4月至6月；窝卵数1枚，偶尔2枚。营巢于深山密林中的树上。留鸟。

主要受胁因素：树种改造导致结果实的树种减少，造成其食物短缺。

61 灰喉针尾雨燕

学　名：*Hirundapus cochinchinensis*
英文名：Silver-backed Needletail

识别特征： 小型鸟类，体长约19cm，体重约95g。额、头顶、头侧、后颈、翅膀、尾上覆羽和尾羽均为黑色，具蓝色金属光泽；枕部缀烟灰色。肩部、背部和腰部均为灰褐色，背部具1个不明显的马鞍形灰褐色斑。翅狭长，初级飞羽和次级飞羽均为淡褐色，三级飞羽白色；飞行时，可见明显的长椭圆形翼斑。颏部、喉部均为烟灰色；前颈、胸部、腹部、两胁、腋羽和翼下覆羽均为暗褐色；肛周和尾下覆羽白色。虹膜暗褐色；喙黑色；跗跖和趾红褐色；爪黄褐色、透明。

生境与分布： 常栖息于海岸、海岛和山地森林地带。

生活史特征： 常在开阔地区和森林上空活动，飞行速度较快。主要以飞行性昆虫为食，常边飞行边捕食。繁殖期为2月至3月，窝卵数3枚。营巢于岩石洞穴和树洞中，巢由苔藓构成，并用涎液将苔藓紧紧胶结在一起。夏候鸟。

主要受胁因素： 城市化、农药污染、食物数量减少。

62 爪哇金丝燕

学名：*Aerodramus fuciphagus*
英文名：Edible-nest Swiftlet

识别特征：小体形鸟类，体长11.5～12.5 cm。喙短宽、平扁，喙裂较宽；上体深棕色或黑褐色，具金属光泽；头顶、两翼和尾羽暗浓；腰带斑较淡。下体灰褐色，除了近乎黑色的底部隐形，显出分叉尾部。羽轴略呈暗褐色。翅黑色，尖长超过尾端、是尾长度的两倍；落地时双翼折叠。尾呈扇形分叉，上下均为黑色。

生境与分布：常栖息于海岛和海岸地区。

生活史特征：常成群在开阔的灌木丛上空飞翔。营巢和栖居于岩洞中。能够回声定位。常与其他种类的雨燕及燕集群出现。主要以昆虫为食。繁殖高峰期为10月至翌年2月，窝卵数通常为2枚。留鸟。

主要受胁因素：城市化、农药污染、食物数量减少。

63 褐翅鸦鹃

学　名：*Centropus sinensis*
英文名：Greater Coucal

识别特征： 中等体形鸟类，体长40～52cm，体重250～400g。两翅、肩和肩内侧均为栗红色，其余体羽包括翼下覆羽和尾羽均为黑色。头至胸具紫蓝色光泽和亮黑色羽干纹，胸至腹具绿色光泽，尾羽具铜绿色光泽。初级飞羽和外侧次级飞羽具暗色羽端。虹膜赤红色；喙、脚黑色。

生境与分布： 常栖息于海拔1000m以下的低山丘陵和平原地区的林缘灌丛、稀树草坡、河谷灌丛、草丛中，也见于靠近水源的村边灌丛和竹丛等地方。

生活史特征： 常单个或成对活动，较少聚成群。多在地面活动，善地面行走，跳跃取食，行动迅速。杂食性，主要以蝗虫、甲虫、蜚蠊、蚁和蜂等昆虫为食，也捕食甲壳类、软体动物等其他无脊椎动物和鼠类、鸟卵和雏鸟等。繁殖期为4月至9月，窝卵数通常3～5枚。常栖息于湿地、山地的灌丛中，善隐蔽，难被发现，但常听见其鸣叫声。喜欢在马路边的沟渠中觅食，车辆开过常被惊起。留鸟。

主要受胁因素： 作为药材导致的盗猎及被过往车辆路杀。

64 小鸦鹃

学　名：*Centropus bengalensis*
英文名：Lesser Coucal

识别特征： 中等体形鸟类，体长30～40cm，体重85～167g。颈、上背及下体均为黑色，具深蓝色光泽和亮黑色羽干纹；下背和尾上覆羽为淡黑色，具蓝色光泽；肩及其内侧、两翅均为淡红褐色；翅端和内侧次级飞羽偏褐色，羽干淡栗色；尾黑色，具绿色金属光泽和白色窄的尖端。虹膜深红色；喙黑色；脚铅黑色。

生境与分布： 常栖息于低山丘陵和开阔山脚平原地带的灌丛、草丛、果园和次生林中。

生活史特征： 常单独或成对活动。性机智且隐蔽。主要以蝗虫、蝼蛄、金龟甲等昆虫和其他小型动物为食，也取食少量植物果实与种子。繁殖期为3月至8月，窝卵数通常3～5枚。常栖息于湿地、山地的灌丛中，善隐蔽，难被发现，但常听见其鸣叫声。喜欢在马路边的沟渠中觅食，车辆开过常被惊起，于是常发生路杀。留鸟。

主要受胁因素： 作为药材导致的盗猎及被过往车辆路杀。

65 黑冠鳽

学　名：*Gorsachius melanolophus*
英文名：Malaysian Night Heron

识别特征：小体型鹭类，体长40～47cm。头顶和头后冠羽黑色，头侧、后颈、颈侧和背均为栗红色，眼先蓝绿色，喙黑色。飞羽黑色，具栗色尖端。前颈和胸赤褐色，喉部具黑色中央线延伸至上胸。尾黑褐色。

生境与分布：常栖息于山地密林中的溪流、水塘、林缘稻田及芦苇塘地带。

生活史特征：常单独活动。夜行性。常在清晨、黄昏和晚上活动。性羞怯、胆小。受惊扰时常站立不动，羽冠竖起。飞行时两翅扇动较快。主要以小鱼、虾、水生昆虫、两栖类、爬行类等动物为食。繁殖期为5月至6月，窝卵数通常4～5枚。留鸟。

主要受胁因素：河流开发与水系改造，湿地退化。

66 黑翅鸢

学　名：*Elanus caeruleus*
英文名：Black-winged Kite

识别特征： 小型猛禽，体长31～34cm。眼先和眼上具黑斑；前额白色，到头顶逐渐变为灰色；后颈、背、肩、腰，直到尾上覆羽均为灰色；翅上小覆羽和中覆羽黑色，大覆羽后缘蓝灰色，初级飞羽暗灰色；中央尾羽灰色，尖端沙皮黄色，两侧灰白色。整个下体和翅下覆羽白色，但初级飞羽下表面黑色，次级飞羽灰色，具淡色尖端。跗跖前半部被羽，后半部裸露。尾白色，中间稍凹，呈浅叉状。虹膜红色；喙黑色，蜡膜淡黄色；脚和趾黄色，爪黑色。

生境与分布： 常栖息于有乔木和灌木的开阔原野、农田、疏林和草原地带。

生活史特征： 常单独在早晨和黄昏活动。主要以田间鼠类、昆虫、小鸟、野兔和爬行动物为食。停留在电线杆上和高大树木顶端等待过往猎物，突然俯冲捕食；有时在天空盘旋、滑翔，发现猎物便俯冲捕食。窝卵数通常3～5枚。常迎风飞行，悬停于旷野之上，搜索下方的猎物。留鸟。

主要受胁因素： 农田灭鼠导致的农药中毒及盗猎。

67 凤头蜂鹰

学　名：*Pernis ptilorhynchus*
英文名：Oriental Honey Buzzard

识别特征： 中等体形猛禽，体长50～60cm，体重1000～1800g。具多种色型。飞行时翼指6枚，翼展宽阔，但头部比例较小。雄鸟尾羽为宽阔分明的黑白色斑纹，雌鸟则较窄。

生境与分布： 常栖息于阔叶林、混交林及林缘地带，有时也见于村庄、农田和果园等地方。

生活史特征： 常单独活动。善飞翔，可滑翔。主要以蜂类为食，偏好排蜂的蜂蛹，偶尔也捕食蛙、蛇类、蜥蜴、成鸟、鸟卵和幼鸟，以及小型哺乳动物等。繁殖期为4月至6月，窝卵数通常2～3枚，营巢于高大的树木之上。为了捕食蜂类，头部、跗跖上具坚硬的鳞片来抵御蜂类的攻击。迁徙季可结成大群迁徙，因此也常成为猎人的狩猎目标。冬候鸟、夏候鸟。

主要受胁因素： 食物数量减少及盗猎。

68 褐冠鹃隼

学　名：*Aviceda jerdoni*
英文名：Jerdon's Baza

识别特征： 中等体形猛禽，体长46～48cm。雄鸟头顶中央、枕和后颈均为黑色；枕部具明显的黑褐色冠羽，端部白色；头顶两侧和后颈黑色，具红褐色宽羽缘；颏、喉赤褐色，中部白色，其上具白色中央线；前颈和上胸红褐色，具黑色羽轴纹，基部具白色羽缘；其余下体具红褐色和白色相间排列的横带。雌鸟和雄鸟基本相似，但上体较淡；下体乳白色或茶黄色；颏、喉和胸具淡红褐色条纹。虹膜金黄色；喙铅黑色；脚和趾黄色或蓝白色，爪黑色。

生境与分布： 常栖息于山地森林和林缘地区。

生活史特征： 常单独活动。白天、早晨和黄昏活动频繁。主要以昆虫、蛙、蜥蜴、蝙蝠等动物为食。繁殖期为4月至6月，窝卵数通常2～3枚。迁徙季可结成大群迁徙，因此也常成为猎人的狩猎目标。留鸟。

主要受胁因素： 盗猎及栖息地减少。

69 黑冠鹃隼

学　名：*Aviceda leuphotes*
英文名：Black Baza

识别特征： 中等体形猛禽，体长30～33cm。头、颈、背、腰、尾上覆羽和尾羽均为黑色，具蓝色金属光泽；头顶具长而竖直的蓝黑色冠羽；背羽毛基部白色；肩白色；喉和颈黑色；上胸具新月形宽白斑；下胸和腹两侧具白色和栗色横斑；腹中部、尾下覆羽和腿覆羽均为黑色；飞羽和尾羽下面银灰色；翅下覆羽和腋羽黑色。虹膜褐色；喙铅色，尖端黑色；脚铅色。

生境与分布： 常栖息于平原、低山丘陵和高山森林地带，也见于疏林草坡、村庄和林缘田间地带。

生活史特征： 常单独活动，有时成3～5只的小群。性警觉、胆小。头上羽冠经常忽而耸立，忽而落下。清晨和黄昏活动频繁。主要以蝗虫、蚂蚁等昆虫为食，也取食蛙、蜥蜴、蝙蝠、鼠类等动物。繁殖期为4月至7月，窝卵数通常2～3枚。留鸟。

主要受胁因素： 食物数量减少及盗猎。

70 蛇雕

学　名：*Spilornis cheela*
英文名：Crested Serpent Eagle

识别特征： 中等体形猛禽，体长59～64cm，体重1150～1700g。前额白色，头顶黑色，羽基白色；枕部具黑白相间的圆形羽冠；上体灰色或暗褐色；两翅宽、圆，翅上小覆羽褐色或暗褐色，具白色斑点；飞羽暗褐色，具白色羽缘和淡褐色横斑；喉和胸灰褐色或黑色，具淡色或暗色虫蠹状斑；尾黑色；其余下体褐色；腹部、两胁及臀部具白色点斑；翅下覆羽和腋羽皮黄褐色，具白色圆形细斑。虹膜黄色；喙黄色，先端较暗，蜡膜铅灰色或黄色；跗跖裸露，被网状鳞，黄色；趾黄色；爪黑色。喜空中鸣叫。

生境与分布： 海南特有亚种。常栖息和活动于山地森林及林缘开阔地带。

生活史特征： 单独或成对活动。常在高空翱翔，有时翱翔到人眼难以见到的高度，停飞时多栖于较开阔地区的枯树顶端。主要以蛇类为食，也捕食甲壳类、蛙、蜥蜴、鼠类、鸟类等动物。繁殖期为4月至6月，窝卵数1枚。营巢于森林中高树顶端枝杈。留鸟。

主要受胁因素： 盗猎。

71　棕腹隼雕

学　名：*Lophotriorchis kienerii*
英文名：Rufous-bellied Hawk Eagle

识别特征：中等体形猛禽，体长50～54cm。头顶具黑色羽冠；前额、头顶、后颈以及头侧均为黑色，微具金属光泽；上体黑色；喉部和上胸白色，具少许黑色细纵纹；其余下体为棕栗色；下胸具黑色纵纹；尾羽暗灰褐色，具暗色横斑；飞行时，初级飞羽基部可见1个大圆形淡色斑。虹膜暗褐色；喙铅灰色，尖端黑色，蜡膜黄色；脚和趾为暗黄色。

生境与分布：常栖息于低山和山脚地带的阔叶林和混交林中。

生活史特征：常单独活动。能长时间站在树上或草丛中。飞行时，两翅扇动频繁，速度极快且灵活。主要以鸟类、鼠类等动物为食。常隐蔽在树丛或草丛中等待猎物，然后突然捕食；有时停留在孤立的树上或在天空寻找猎物，然后俯冲捕捉。繁殖期为12月至翌年3月，窝卵数1枚。通常营巢于密林中高大乔木的顶部枝杈上。留鸟。

主要受胁因素：盗猎及栖息地减少。

72 林雕

学　名：*Ictinaetus malaiensis*
英文名：Black Eagle

识别特征：大体形猛禽，体长65～76cm，体重约1125g。通体深褐色；喙较小，上喙缘几乎是直的；眼先暗白色，眼下具1块白斑；两翅后缘近身体处明显内凹。下体黑褐色，胸、腹具粗的暗褐色纵纹。尾长而宽，暗褐色，具浅灰色横纹；尾上覆羽较淡，具白色横斑。飞行时，两翅宽长，翅基较窄，后缘略微突出，尾羽具多条淡色横斑和黑色宽端斑。停息时，两翅比尾长。跗跖被羽；尾羽较长而窄，呈方形。趾黄色，外趾及爪均短小，爪微弯曲，内爪比后爪长；喙铅色，尖端黑色，蜡膜黄色。

生境与分布：常栖息于中低山地的阔叶林和混交林地区。

生活史特征：飞行时，两翅扇动缓慢，有时在森林上空盘旋和滑翔，也能高速地在浓密的森林中飞行和追捕食物。主要以蛙、蜥蜴、蛇类、小鸟和鸟卵、雉鸡、鼠类及昆虫等为食。繁殖期为11月至翌年3月，窝卵数1～2枚。通常营巢于浓密的常绿阔叶林或落叶阔叶林中。留鸟。

主要受胁因素：适宜栖息地丧失。

73 鹰雕

学　名：*Nisaetus nipalensis*
英文名：Mountain Hawk Eagle

识别特征： 大体形猛禽，体长64～84cm。头顶和羽冠黑色，耳覆羽和颈侧具黑褐色和茶黄褐色纵纹。上体褐色，颏、喉白色，具黑褐色或黑色中央纵纹。上胸和前颈白色，其余下体褐色。跗跖被羽，尾羽具黑白相间的宽横斑。似大型的凤头鹰（*Accipiter trivirgatus*），但翼指7枚，身形粗壮，翅膀极其宽大，盘旋时翅后缘甚至延伸至尾羽基部后方。

生境与分布： 常栖息于阔叶林和混交林的林缘，也见于开阔的农田和疏林。

生活史特征： 常单独活动。昼行性。飞行时，两翅平伸，扇动较慢，有时在高空盘旋。主要以鸡形目鸟类、鼠类、野兔等动物为食，也捕食昆虫。繁殖期为4月至6月，窝卵数通常2枚。营巢于山地森林中高大的乔木上。留鸟。

主要受胁因素： 盗猎及森林栖息地减少。

74 靴隼雕

学　名: *Hieraaetus pennatus*
英文名: Booted Eagle

识别特征: 体形略小的猛禽,分深色型和淡色型两种色型,胸部分别为棕色和淡皮黄色,上体褐色具黑色和皮黄色杂斑,两翅及尾褐色深,翼指6枚,腿被羽。头、颈与两翼连接处羽毛白色,形似"车灯"。

生境与分布: 常栖息于低山和山脚地带的阔叶林和混交林中,冬季多栖息在低山丘陵和山脚平原等开阔地区的疏林和林缘地带。

生活史特征: 常单独活动,迁徙期间成群。善飞行,两翅扇动甚快,常在森林中树木间穿梭,飞行技巧甚为高超和灵巧。主要以啮齿类、野兔、小鸟、爬行类等动物性食物为食。觅食方式主要是隐蔽在树枝叶间,当猎物出现时突然出击,冲向猎物。在林木间飞翔追捕猎物,有时也在高空翱翔搜寻猎物,发现后通过翅的弯曲和收叠,急速俯冲下来捕捉。繁殖期为4月至6月,窝卵数通常2枚。营巢于森林中高大的乔木上。旅鸟。

主要受胁因素: 适宜栖息地丧失及人类干扰。

75 凤头鹰

学　名：*Accipiter trivirgatus*
英文名：Crested Goshawk

识别特征：中等体形猛禽，体长40～48cm，体重约370g。前额、头顶、后枕及其羽冠均为黑灰色，头和颈侧颜色较淡。颈前白色，上体深灰褐色，尾淡褐色。下体棕色，颏、喉和胸白色，颏和喉具1条黑褐色中央纵纹；尾下覆羽白色；胸部具白色纵纹；腹部及腿白色。雌鸟体形显著大于雄鸟。翼指6枚，翼短圆，翼后缘突出明显。喉中线粗而明显。

生境与分布：常栖息于海拔2000m以下的山地森林和山脚林缘地带。

生活史特征：多单独活动。性机警，善隐藏。领域性强。能利用热气流翱翔。主要以昆虫、蛙、蜥蜴、鼠类等动物为食。繁殖期为4月至7月，窝卵数通常2～3枚。营巢于针叶林或阔叶林中高大的树上。留鸟。

主要受胁因素：盗猎、农药污染及灭鼠药误杀。

76 褐耳鹰

学　名：*Accipiter badius*
英文名：Shikra

识别特征： 小体形猛禽，体长21～44cm。雄鸟上体蓝灰色；头灰白色；颊灰色缀棕色；后颈具1条红褐色领圈；喉白色，具浅色细纵纹；胸和腹具棕色和白色细窄横纹；尾下覆羽白色；除中央和外侧的1对尾羽外，其余尾羽具5条黑褐色横斑和淡白色端斑。雌鸟上体褐色；喉浓灰色；中央具1对尾羽，具明显的黑褐色亚端斑；其余尾羽具明显的横带。翼指5枚。

生境与分布： 常栖息于山地和平原森林及稀疏树木的农田、草地、林缘，常在林中或林缘河流、湖泊等水边地带活动。

生活史特征： 常单独活动。昼行性，视觉敏锐。多在林缘和农田地边觅食，通常不捕捉飞行中的鸟类。捕食方式通常是低空飞行，发现地上的猎物则突然冲下抓取。主要以昆虫、蛙、蜥蜴、小鸟、鼠类等动物为食。繁殖期为4月至7月，窝卵数通常3～4枚。营巢于树上，有时也利用喜鹊和乌鸦的旧巢。留鸟。

主要受胁因素： 盗猎、农药污染及灭鼠药误杀。

77 赤腹鹰

学　名：*Accipiter soloensis*
英文名：Chinese Goshawk

识别特征：中等体形猛禽，体长26～36cm，体重108～132g。雄鸟上体淡蓝灰色；眼先基部白色；头侧淡灰色，头顶较暗；初级飞羽黑色；枕和后颈基部羽毛白色；中央尾羽淡灰白色，具4～5道暗色横斑；喉乳白色；胸淡粉红色；翼下覆羽乳白色；两胁粉红灰色。雌鸟上体较雄鸟暗灰；尾具明显的5道横斑；喉、下腹、腿覆羽和翅下覆羽淡黄色，喉具灰色羽干纹；胸、上腹和两胁暗红褐色，胸和腹具灰色横斑；翅下覆羽和飞羽下表面暗皮黄色。翼指4枚。

生境与分布：常栖息于山地森林和林缘地带，也见于低山丘陵和山麓平原的丛林、农田地缘和村庄附近。

生活史特征：常单独或成小群活动。昼行性。领域性强。性机警，善隐藏。能利用热气流翱翔。主要以蛙、蜥蜴等动物为食，也捕食昆虫、小型鸟类和鼠类。常站在高处，发现猎物后，突然俯冲捕食。繁殖期为5月至7月，窝卵数通常2～5枚。营巢于树上，有时也利用喜鹊废弃的旧巢。冬候鸟、旅鸟。

主要受胁因素：盗猎、农药污染及灭鼠药误杀。

78 日本松雀鹰

学　名：*Accipiter gularis*
英文名：Japanese Sparrowhawk

识别特征：小体形猛禽，体长25～34cm，体重75～173g。雄鸟头两侧淡灰色，具1条黑灰色窄细中央纹；上体和翅表面深灰色；枕和后颈羽毛基部白色；尾灰褐色，具3道黑色横纹和1道黑色宽端纹；胸部浅棕色；腹部具极细羽干纹。雌鸟上体褐色，下体棕色少，但具浓密褐色横斑。翼指5枚。飞行时，喉中线不明显，翼下纹路较淡，尾羽中央凹陷。

生境与分布：常栖息于山地针叶林和混交林中，也见于林缘和疏林地带高大树木的顶枝上。

生活史特征：多单独活动。飞行时两翅扇动极快，能直线滑翔。主要以山雀、莺类等小型鸟类为食，也捕食昆虫、蜥蜴、石龙子等动物。繁殖期为5月至7月，窝卵数通常5～6枚。通常营巢于茂密的山地森林和林缘地带，尤其喜欢在针叶林或针阔混交林中的河谷、溪流附近的高大树木上营巢。冬候鸟。

主要受胁因素：盗猎、农药污染及灭鼠药误杀。

79 松雀鹰

学　名：*Accipiter virgatus*
英文名：Besra

识别特征：小体形猛禽，体长 28～38cm，体重 150～192g。雄鸟头顶至后颈石板黑色，头顶缀有棕褐色；眼先白色；头侧、颈侧和其余上体深灰色；后颈基部羽毛白色；背褐色；下体白色；颏和喉为白色，具1条宽的黑褐色中央纵纹；尾下覆羽白色。雌鸟和雄鸟相似，上体褐色，头暗褐色，喉部中央具宽的黑色中央纹，胸具褐色纵纹。翼指5枚。飞行时，可见喉中线粗而明显，翼后缘突出，翼下纹路连续而较粗，最外侧尾羽黑色且横纹较粗。

生境与分布：常栖息于常绿阔叶林以及开阔的林缘疏林地。

生活史特征：常单独或成对活动。性机警。常站在林缘高大的枯树顶上，等待和偷袭过往小鸟。主要以小鸟为食，也捕食蝗虫、甲虫等昆虫，以及蜥蜴和小型鼠类等。繁殖期为4月至6月，窝卵数通常3～4枚。营巢于茂密森林中枝叶茂盛的高大树木上部，位置较高，且有枝叶遮蔽。留鸟。

主要受胁因素：盗猎、农药污染及灭鼠药误杀。

80 雀鹰

学　名：*Accipiter nisus*
英文名：Eurasian Sparrowhawk

识别特征： 小体形猛禽，体长31～41cm，体重130～300g。雄鸟眼先灰色，具黑色刚毛；头顶、枕和后颈色较暗；前额微具棕色；上体灰褐色；后颈羽基白色，其余上体自背至尾上覆羽暗灰色；翅短；下体白色或淡灰白色；颏和喉满布褐色羽干细纹；胸、腹和两胁具红褐色横斑。雌鸟体形大于雄鸟，下体白色，颏和喉部具暗褐色宽纵纹，胸、腹和两胁以及腿覆羽均具灰褐色横斑。

生境与分布： 栖息于针叶林、混交林、阔叶林等山地森林和林缘地带。

生活史特征： 常单独活动。昼行性。飞行能力强，速度快，能在树丛间穿行飞翔。主要以昆虫、雀形目鸟类和鼠类等为食，也捕食鸠鸽类和鹑鸡类等体形稍大的鸟类，也捕食野兔、蛇等。常栖于树上或电线杆等高处，发现地面有猎物时急飞冲下，突然扑向猎物，用锐利的爪捕猎，然后再飞回栖息的树上，用爪按住猎物，用喙撕裂吞食。繁殖期为5月至7月，窝卵数通常3～4枚。常营巢于靠近树干的枝杈上，巢区和巢均较固定，常多年利用。冬候鸟。

主要受胁因素： 盗猎、农药污染及灭鼠药误杀。

81　苍鹰

学　名：*Accipiter gentilis*
英文名：Northern Goshawk

识别特征：中等体形猛禽，体长46～60cm，体重500～1100g。前额、头顶、枕和头侧均为黑褐色；眉纹白色；耳羽黑色；上体到尾灰褐色；颏、喉和前颈均具黑褐色细纵纹；胸、腹部密布灰褐色和白色相间横纹；尾略长，呈方形，灰褐色，具4条黑色宽横斑；肛周和尾下覆羽白色；飞行时，翼下白色，密布黑褐色横斑。雌鸟体形显著大于雄鸟。翼指6枚。幼鸟胸腹部具纵纹。

生境与分布：常栖息于疏林、林缘和灌丛地带。在次生林中也较常见。

生活史特征：常单独活动。喜白天活动。性甚机警，善隐藏。除迁徙期外，很少在空中翱翔，多隐蔽在森林中树枝间窥视猎物。飞行快而灵活，能利用短圆的翅和长的尾来调节速度和改变方向。一旦发现猎物，则迅速俯冲追击，用利爪抓获猎物，带回栖息的树上啄食。主要以鼠类、野兔、雉类、鸠鸽类和其他中小型鸟类为食。繁殖期为4月至7月，窝卵数通常2～4枚。营巢于森林中高大乔木上，有时也侵占其他猛禽的旧巢。冬候鸟。

主要受胁因素：盗猎、农药污染及灭鼠药误杀。

82 白腹鹞

学　名：*Circus spilonotus*
英文名：Eastern Marsh Harrier

识别特征：中等体形猛禽，体长50～60cm，体重490～780g。雄鸟头部顶端、侧面、后颈至上背均为白色；耳羽黑褐色；下体白色；喉和胸具黑褐色纵纹；腿覆羽和尾下覆羽白色。雌鸟上体深褐色，具棕红色羽缘；头至后颈皮黄白色，具深褐色纵纹；无白色的腰；飞羽深褐色，具淡色横斑；翅上覆羽暗褐色，具棕色羽缘；颏、喉、胸、腹均为皮黄白色或白色，具褐色宽羽干纹；腿覆羽和尾下覆羽白色，具淡棕褐色斑；尾羽黑褐色。

生境与分布：常栖息和活动于沼泽、芦苇塘、江河与湖泊沿岸等较潮湿而开阔的地方。

生活史特征：常单独或成对活动。日行性。性机警而孤独。飞翔时，两翅上举成浅"V"字形，能长时间缓慢滑翔。主要以昆虫、蛙、蜥蜴、小型鸟类、啮齿类等动物性食物为食。繁殖期为4月至6月，窝卵数通常4～5枚。通常营巢于地上芦苇丛中，偶尔也在灌丛中筑巢。冬候鸟。

主要受胁因素：盗猎、以湿地为主的栖息地丧失及灭鼠药误杀。

83 白尾鹞

学　名：*Circus cyaneus*
英文名：Hen Harrier

识别特征： 中等体形猛禽，体长43～55cm，体重310～600g。雄鸟前额污灰白色；头顶灰褐色；头后暗褐色；耳羽后下方往下至颏，具1圈蓬松而稍卷曲的羽皱翎；后颈、背、肩、腰均为蓝灰色；尾上覆羽纯白色；中央尾羽银灰色；翅上覆羽银灰色；颏、喉和上胸均为蓝灰色；其余下体纯白色。雌鸟上体暗褐色；头至后颈、颈侧和翅覆羽具棕黄色羽缘；耳后向下至颏部具1圈卷曲的淡色羽皱翎；尾上覆羽白色；中央尾羽灰褐色；翼下3道粗黑横纹明显，白腰明显。

生境与分布： 常栖息于低山平原丘陵地带的湖泊、沼泽、河谷等开阔地区，有时也见于村庄附近的水田、草坡和疏林地带。

生活史特征： 日行性，早晨和黄昏活动频繁。常沿地面低空飞行，飞行敏捷。飞行时，两翅上举成"V"字形，并不时地抖动两翅，滑翔时两翅微向后弯曲。主要以昆虫、蛙、蜥蜴、小型鸟类、鼠类等动物为食。常沿地面低空飞行搜寻猎物，发现后迅速捕食。繁殖期为4月至7月，窝卵数通常4～5枚。营巢于枯芦苇丛或灌丛间地上。冬候鸟。

主要受胁因素： 盗猎、以湿地为主的栖息地丧失及灭鼠药的误杀。

84 黑鸢

学　名：*Milvus migrans*
英文名：Black Kite

识别特征：中等体形猛禽，体长54～69cm，体重900～1160g。前额基部和眼先棕色，耳羽黑褐色，头顶至后颈棕褐色。上体暗褐色，微具紫色光泽；尾长，棕褐色，叉状，其上具等宽的黑褐色相间的横斑，尾端具淡棕白色羽缘；翼上中覆羽和小覆羽淡褐色。下体棕褐色，具黑褐色羽干纹；胸、腹及两胁均为棕褐色，具黑褐色粗羽干纹；下腹至肛周部呈棕黄色；尾长，尾下覆羽灰褐色。

生境与分布：常栖息于开阔平原、草地、荒原和低山丘陵地带。

生活史特征：常单独活动。有时成2～3只小群。昼行性。性机警，视力敏锐。善飞行，能利用热气流升入高空。翱翔时，两翅平伸，尾散开。主要以昆虫、鱼、蛙、蛇、蜥蜴、小鸟、鼠类、野兔等动物为食，偶尔也捕食家禽，食腐尸。常在空中盘旋寻找食物，发现猎物迅速俯冲，用爪抓住，最后飞至树上或岩石上撕食。繁殖期为4月至7月，窝卵数通常2～3枚。留鸟。

主要受胁因素：盗猎及灭鼠药误杀。

85 渔雕

学　名：*Icthyophaga humilis*
英文名：Lesser Fish Eagle

识别特征： 大体形猛禽，体长61～69cm。头和颈灰色，微具黑色羽轴纹；初级飞羽内翈基部或多或少缀有白斑；圆尾；中央尾羽黑褐色，具淡色尖端和黑色宽亚端斑；外侧尾羽基部2/3缀具白色和褐色斑纹，1/3末端黑色。下体灰褐色或暗褐色；前颈和胸灰褐色；腹、两胁、肛区、尾下覆羽、腿覆羽均为白色。幼鸟上体暗褐色，具淡色羽缘；下体淡褐色，具白色宽纵纹。虹膜亮黄色；喙暗角褐色，基部铅蓝色，蜡膜褐色；脚和趾淡黄色或淡灰白色，爪黑色。

生境与分布： 常栖息于山地森林中靠近河流或溪流的岸边。

生活史特征： 主要以鱼为食，偶尔也捕食爬行类。繁殖期为3月至6月，窝卵数通常2～3枚。繁殖于山地森林地区，营巢于森林中河流两岸高大的乔木上，偶尔也在山脚农田和草地中孤立的树上营巢。冬候鸟。

主要受胁因素： 食物受限及栖息地的退化。

86 灰脸鵟鹰

学　名：*Butastur indicus*
英文名：Grey-faced Buzzard

识别特征： 中等体形猛禽，体长39～46cm，体重375～500g。额灰白色；头顶至后枕暗棕褐色；眼先白色；脸颊和耳羽灰色；后颈羽基白色；背、肩、腰均为暗棕褐色；尾羽灰褐色，具3条明显的黑褐色宽横斑；颏、喉白色，具黑褐色宽的中央纵纹；上胸淡棕褐色或暗褐色；下胸、腹、两胁和腿覆羽均为白色；尾下覆羽白色。雌鸟体形稍大。翅膀窄长，翼后缘平直，形似"刀片"。

生境与分布： 常栖息于阔叶林、针阔混交林以及针叶林等山林地带。

生活史特征： 常单独活动，迁徙期间可成群。性情较胆大。常在森林上空翱翔或在低空飞行。早晨和黄昏活动频繁。主要以蛙、蜥蜴、蛇类、小鸟、鼠类、松鼠、野兔、狐狸等动物为食，也捕食大的昆虫，取食动物尸体。常停留在孤立的树梢上等待猎物。繁殖期为5月至7月，窝卵数通常3～4枚。营巢于阔叶林或混交林中靠河岸的疏林地带或林中沼泽草甸和林缘地带的树上，也营巢于林缘地边的孤立树上。冬候鸟。

主要受胁因素： 盗猎。

87 普通鵟

学　名：*Buteo japonicus*
英文名：Eastern Buzzard

识别特征：中等体形猛禽，体长48～59cm，体重570～1100g。体色变化大，可分浅色型、棕色型和深色型3种。头部圆润，翼角有腕斑，翼尖黑色，腹部两侧有深褐色斑块。

生境与分布：常栖息于山地森林和林缘地带。

生活史特征：常单独活动或成2～4只小群。白天活动频繁。性机警，视觉敏锐。善飞翔。空中盘旋滑翔时，两翅稍向上举，呈浅"V"形。主要以森林鼠类为食，食量甚大。常盘旋在空中寻找猎物。繁殖期为5月至7月，窝卵数通常2～3枚。通常营巢于林缘或森林中高大的树上，尤喜针叶树，通常置巢于树冠上部近主干的枝丫上，距地高7～15m，也营巢于悬岩上，有时也侵占乌鸦巢。冬候鸟。

主要受胁因素：盗猎、农药污染及灭鼠药误杀。

88 黄嘴角鸮

学　名：*Otus spilocephalus*
英文名：Mountain Scops Owl

识别特征：小体形猛禽，体长18～21cm。耳羽簇甚明显；耳羽内侧黄色，外侧黑褐色；面盘褐色，具暗褐色横斑，下缘缀白色。上体棕褐色；后颈无领圈或领圈不明显，具米色横斑；肩羽外翈白色，尖端黑色；尾下覆羽暗棕栗色；尾羽棕栗色，具7条近黑色横斑。下体灰褐色；腹中部近棕白色，近肛区为近白色，具灰褐色虫蠹斑。虹膜黄色；喙黄色；跗跖灰黄褐色。

生境与分布：常栖息于山地常绿阔叶林和混交林，也见于山脚林缘地带。

生活史特征：多单独或成对活动。夜行性，于夜晚和黄昏活动。主要以大型昆虫、蜥蜴、鼠类为食。繁殖期为4月至6月，窝卵数通常3～4枚。通常营巢于天然树洞或啄木鸟废弃的洞中。留鸟。

主要受胁因素：盗猎、防鸟网误捕、灭鼠药误杀及栖息地丧失。

89 领角鸮

学　名：*Otus lettia*
英文名：Collared Scops Owl

识别特征： 小体形猛禽，体长19～28cm，体重110～205g。额和面盘灰色至亮红褐色；两眼前缘黑褐色，眼端刚毛白色且具黑色羽端，眼上方羽毛白色；眉纹浅黄色；耳羽外翈黑褐色。上体灰褐色；后颈具大而多的白色斑点；肩和翅上外侧覆羽端具棕色或白色大斑点；颏、喉灰白色，上喉具1圈皱翎，其余下体灰红褐色，散布明显的黑色羽干纹；尾下覆羽纯白色，腿覆羽棕白色且具褐色斑点，趾被羽。虹膜深褐色；爪角黄色。海南亚种体色较淡，下体皮黄色，翅长16.1～18.3cm。

生境与分布： 海南特有亚种。常栖息于山地阔叶林和混交林中，也见于山麓林缘和村寨附近树林内。

生活史特征： 常单独活动，繁殖期成对活动。夜行性。主要以蝗虫、鞘翅目昆虫、壁虎、鼠类、蝙蝠等动物为食。繁殖期为3月至6月，窝卵数通常2～6枚。通常营巢于天然树洞内，或利用啄木鸟废弃的旧树洞，偶尔也利用喜鹊的旧巢。留鸟。

主要受胁因素： 盗猎、防鸟网误捕、灭鼠药误杀及栖息地丧失。

90 红角鸮

学　名：*Otus sunia*
英文名：Eurasian Scops Owl

识别特征： 小体形猛禽，全长 16～20cm，体重 48～105g。体色具灰色型和褐色型。面盘灰褐色，边缘黑褐色；虹膜黄色；颈后具淡黄色横带；上体具细密的黑褐色虫蠹斑和黑褐色纵纹，并缀棕白色斑点。

生境与分布： 常栖息于山地、平原阔叶林和混交林中，也见于林缘次生林和居民点附近的树林内。

生活史特征： 常单独活动，繁殖期成对活动。夜行性，白天多隐藏于林内，晚上和黄昏活动。飞行快而有力。主要以昆虫、啮齿类动物为食，也捕食两栖类、爬行类和鸟类。繁殖期为 5 月至 8 月，窝卵数通常 3～6 枚。营巢于树洞中，也在岩石缝隙营巢，有时也利用鸦科鸟类的旧巢。留鸟。

主要受胁因素： 盗猎、防鸟网误捕、灭鼠药误杀及栖息地丧失。

91 雕鸮

学　名：*Bubo bubo*
英文名：Eurasian Eagle-owl

识别特征：大体形猛禽，体长50～89cm，体重1025～3959g。面盘显著，淡棕黄色，杂褐色细斑；眼先和眼前缘密被白色刚毛状羽，各羽均具黑色端斑；眼上方具1个大型黑斑；皱领黑褐色；头顶黑褐色，羽缘棕白色；耳羽簇较发达；后颈和上背黄褐色；肩、下背和翅上覆羽均为黄褐色；腰及尾上覆羽黄褐色；中央尾羽暗褐色，具6道不规则的棕色横斑；颏白色；喉除皱领外白色，胸黄褐色。

生境与分布：常栖息于人迹罕至的密林中，营巢于树洞或岩隙中。

生活史特征：除繁殖期外，常单独活动。夜行性。性机警，听觉和视觉敏锐。常贴地低空飞行。主要以鼠类为食，也捕食昆虫、蛙及其他鸟类、兔类、豪猪、鼬，甚至捕食有蹄类动物。繁殖期随地区而不同，如我国东北地区为4月至7月窝卵数常3枚。通常营巢于树洞、悬崖峭壁下的凹处或直接产卵于地上。留鸟。

主要受胁因素：盗猎及栖息地丧失。

92 林雕鸮

学　名：*Bubo nipalensis*
英文名：Spot-bellied Eagle Owl

识别特征：大体形猛禽，体长约63cm。眼先和颊部具褐白色须状羽，羽干黑色；耳羽显著，具黑白两色羽簇；面盘淡白色；头顶隐约可见棕色横斑。上体包括肩内侧和翅上覆羽深褐色；尾羽黑褐色。下体淡黄白色；颏具褐白色须状羽，但羽轴白色；喉和胸具黑色条纹，至腹和尾下覆羽变为宽斑点；腿覆羽白色，缀以暗褐色横斑；下胸至腹部具"V"形暗褐色斑点。虹膜褐色；喙黄色；趾暗黄色。

生境与分布：常栖息于常绿阔叶林中。

生活史特征：常单独活动。夜行性。觅食时，多沿林缘开阔地带、林缘疏林、竹丛或河岸附近活动。主要以蜥蜴、蛇、雉鸡、鼠类、野兔等动物为食。在喜马拉雅山地区的繁殖期为2月至3月。通常营巢于天然树洞中或悬崖峭壁上的裂缝内，有时也利用鹰的旧巢。留鸟。

主要受胁因素：盗猎及栖息地丧失。

93　褐林鸮

学　名：*Strix leptogrammica*
英文名：Brown Wood Owl

识别特征：中等体形猛禽，体长46～53cm，体重710～1000g。头圆形，无耳羽簇；头顶深褐色；面盘棕褐色；具白色或灰色眉纹；眼周黑色，眼先具灰白色须状羽和黑色羽轴。上体栗褐色；胸红褐色；腰及尾上覆羽色较浅；肩羽暗褐色；翅上覆羽与背同色，但稍浅；颏黄褐色；喉白色；其余下体皮黄色；腿覆羽浅茶黄色。虹膜深褐色；喙角褐色，尖端角黄色；跗跖被羽；趾部分被羽，浅黄色；趾裸露部分及趾底橙黄色；爪角黄色，尖端较暗。

生境与分布：栖息于常绿阔叶林和混交林，也见于林缘和路边疏林及竹林。

生活史特征：常成对或单独活动。夜行性。性机警、胆怯。主要以小鸟和啮齿类动物为食，也吃蜥蜴、蛙以及雉科鸟类。繁殖期为3月至5月，窝卵数通常2枚。营巢于天然树洞和岩壁洞穴中。留鸟。

主要受胁因素：盗猎及栖息地丧失。

94 领鸺鹠

学　名：*Glaucidium brodiei*
英文名：Collared Owlet

识别特征：体长13～18cm，体重40～64g。头圆形、较灰，无耳羽簇，面盘不明显；眼先及眉纹白色，眼先羽干末端呈黑色须状羽；前额、头顶和头侧具细密的白色斑点。上体灰褐色，具狭长的浅黄色横纹；后颈具明的显浅黄色领斑；肩羽外翈具大的白色斑点，形成2道明显的白色肩带；飞羽黑褐色；尾上覆羽褐色；颊白色，向后延伸至耳羽后方；颏、喉白色，喉部具褐色横斑；其余下体白色，体侧具褐色纵纹；尾下覆羽白色，尖端杂褐色斑点；腿覆羽褐色，跗跖被羽；爪褐色。

生境与分布：常栖息于山地森林和林缘灌丛地带。

生活史特征：除繁殖期外，一般单独活动。黄昏活动频繁。飞行时，先频繁扇动双翅，作鼓翼飞翔，再作滑翔，交替进行。多在高大的乔木上休息，尾羽常左右摆动。主要以昆虫和鼠类为食，也捕食小鸟和其他小型动物。繁殖期为3月至7月，窝卵数通常2～6枚。通常营巢于树洞和天然洞穴中，也利用啄木鸟的巢。留鸟。

主要受胁因素：盗猎及栖息地丧失。

95 斑头鸺鹠

学　名：*Glaucidium cuculoides*
英文名：Asian Barred Owlet

识别特征：小型猛禽，体长24～26cm，体重150～260g。头圆形，无耳羽簇；头、颈和整个上体均为褐色，密被细狭的白色横纹；头顶具细小且密的横斑；眉纹白色，较短狭；尾羽黑褐色；颏白色；喉中部褐色，具皮黄色横斑；胸和下喉白色，下胸具褐色横斑；腹白色，具褐色纵纹；下腹和肛周具褐色宽纵纹；尾下覆羽纯白色；跗跖被羽毛，为白色而杂褐色斑；腋羽纯白色。

生境与分布：海南特有亚种。常栖息于阔叶林、混交林、次生林和林缘的灌丛中。

生活史特征：常单独或成对活动。常在白天活动和觅食。主要以蝗虫、甲虫、螳螂、蝉、蟋蟀、蚂蚁、蜻蜓等昆虫成虫及幼虫为食。繁殖期为3月至6月，窝卵数通常3～5枚。通常营巢于树洞或天然洞穴中。留鸟。

主要受胁因素：盗猎、栖息地丧失及灭鼠药的误杀。

96 鹰鸮

学　名：*Ninox scutulata*
英文名：Brown Boobook

识别特征： 中等体形猛禽，体长28～32cm，体重212～230g。头圆形，无耳羽簇；喙基、额基和眼先白色，眼先杂黑羽，两眼间具白斑；头顶、后颈至上背均为暗褐色；下背、腰至尾上覆羽均为淡棕褐色；尾黑褐色；肩羽褐色，杂有白色斑；小覆羽、中覆羽褐色，大覆羽浅褐色，羽缘略沾棕色；初级飞羽黑褐色，最内侧2枚飞羽具以羽轴为中线成对排列的白色块斑；颊、颏灰白色；喉灰色，具红褐色细纹；胸、两胁至腹褐色，具黑色横斑及白色端斑；虹膜黄色。

生境与分布： 常栖息于针阔混交林和阔叶林的河谷地带。

生活史特征： 常单独活动，繁殖期成对活动。夜行性，在黄昏和晚上活动。飞行速度快而敏捷。主要以昆虫、小鸟、鼠类为食。繁殖期为5月至7月，窝卵数通常3枚。通常营巢于树木的天然树洞中，也利用鸳鸯或啄木鸟用过的树洞。留鸟。

主要受胁因素： 盗猎及栖息地丧失。

97 短耳鸮

学　名: *Asio flammeus*
英文名: Short-eared Owl

识别特征: 中等体形猛禽, 体长34~40cm, 体重251~450g。面盘明显, 眼周黑色, 眼先及内侧眉斑白色, 面盘余部棕黄色且杂黑色羽干纹; 耳羽簇短小不外露, 黑褐色。上体及翼和尾棕黄色; 肩及三级飞羽纵纹较粗; 翅上小覆羽黑褐色; 中覆羽及大覆羽黑褐色; 尾羽棕黄色, 具黑褐色横斑和棕白色端斑。下体棕白色, 具褐色纵条斑; 颏白色; 胸部多棕色, 满布褐色纵纹。虹膜橙黄色; 喙黑色; 跗跖和趾被羽, 棕黄色; 爪黑色。
生境与分布: 常栖息于丘陵、沼泽、湖岸和草地等各类生境中。
生活史特征: 常黄昏和晚上活动。多贴地面飞行, 常在一阵鼓翼飞行后又伴随着一阵滑翔, 二者交替进行。主要以鼠类为食, 也捕食昆虫、蜥蜴和小鸟。繁殖期为4月至6月, 窝卵数通常3~8枚。通常营巢于沼泽附近草丛中, 也见于次生阔叶林内朽木洞中营巢。冬候鸟。
主要受胁因素: 盗猎、防鸟网误捕、灭鼠药误杀及栖息地丧失。

98 仓鸮

学　名：*Tyto alba*
英文名：Barn Owl

识别特征：中等体形猛禽，体长33～39cm，体重1000g左右。头大而圆；面盘污白色，呈心形，四周具棕色或橙黄色领环；眼先栗棕色，眼周浅棕色。颈侧及肩浅棕黄色；其余上体淡灰色，羽缘棕黄色；翅上覆羽棕黄色，端白色；飞羽外翈浅棕褐色，内翈近白色，内外翈均具灰黑色细小斑点和横斑；尾羽同飞羽，横斑明显。下体白色，具黑色小斑点；尾下覆羽白色；腿覆羽浅棕赭色，具稀疏的灰黑色斑点。虹膜黑色，跗跖灰黑色，爪黑色。

生境与分布：常栖息于开阔的原野、低山丘陵以及农田、城镇和村庄附近的森林中。

生活史特征：常单独活动。白天多栖息于树上或洞中，黄昏和晚上活动。主要以鼠类和野兔为食。繁殖期为3月至6月和9月至12月，每年繁殖2次，窝卵数通常2～7枚。通常喜欢在建筑物上营巢，无论是在房顶天花板上，还是墙壁洞中，或房外小仓房和贮粮的小屋空隙均可营巢，也营巢于树洞或岩壁洞中。留鸟。

主要受胁因素：盗猎、防鸟网误捕、灭鼠药误杀及栖息地丧失。

99 草鸮

学　名：*Tyto longimembris*
英文名：Eastern Grass Owl

识别特征： 中等体形猛禽，体长 32cm 左右，体重 450g 左右。面盘棕白色，呈心形，羽端沾赤褐色，四周具深栗色皱领；眼先具黑褐色斑。上体深褐色，羽基和羽缘赭黄色，靠近羽端具 1 个白色小斑点；颈侧羽基的赭黄色较明显；小覆羽栗黄色，并杂褐色小斑点；中覆羽和大覆羽基部栗黄色，先端褐色。下体皮黄色；胸和两胁具暗褐色细斑点；腹部羽色较淡，具深褐色细斑点。虹膜深褐色，脚黑褐色。

生境与分布： 常栖息于海拔 1500m 以下的低山丘陵、山坡草地和开阔草原地带，也见于林缘灌丛和小树林。

生活史特征： 夜行性，多在黄昏及夜间活动，白天则藏匿于茂密的草丛中。受干扰时只能做短距离飞行，飞行时左右摇摆不定。主要以鼠类、蛙、蛇、鸟卵等为食。繁殖期为 4 月至 6 月和 8 月至 11 月，每年繁殖 2 次，窝卵数通常 2～4 枚。营巢于茂密的草丛中和大树根部凹陷处，或在有隐蔽的岸边或岸边洞中营巢。留鸟。

主要受胁因素： 盗猎、防鸟网误捕、灭鼠药误杀及栖息地丧失。

100 栗鸮

学　名：*Phodilus badius*
英文名：Bay Owl

识别特征： 中等体形猛禽，体长28～30cm，体重351～360g。面盘方形；额、面盘、颊和喉均为浅葡萄红色；眼先和内侧眼缘为深栗色；耳羽簇突出。颈侧至胸围具白色且杂褐色和栗色的项翎；头后及颈后深栗色；上背、肩和翅上内侧覆羽均为栗红色；下背浅栗色，杂黑色斑点；两翅棕栗色，具黑色横斑；尾短，浅栗色，具黑色横斑。下体和腿覆羽葡萄红色，具暗栗色斑点；上胸沾橙黄色；下腹中部及肛周羽色较浅；翅下覆羽和腋羽浅棕色或栗色，近翼缘处具1个栗色斑块。

生境与分布： 常栖息于山地常绿阔叶林、针叶林和次生林中。

生活史特征： 常单独或成对活动，有时成2～3只小群。夜行性。胆大，栖息时不警觉，易靠近。主要以大型昆虫（如甲虫和蚱蜢）、青蛙、蜥蜴、鸟类、小型啮齿类动物、蝙蝠等动物为食。繁殖期为3月至7月，窝卵数通常3～5枚。营巢于树洞中。留鸟。

主要受胁因素： 盗猎、防鸟网误捕、灭鼠药误杀及栖息地丧失。

101 红头咬鹃

学　名：*Harpactes erythrocephalus*
英文名：Red-headed Trogon

识别特征：中等体形鸟类，体长35～37cm，体重95～125g。雄鸟头、颈暗绯红色；背、肩锈褐色；两胁黑色；初级飞羽黑色；腰和尾上覆羽较多锈色；中央尾羽深栗色，具黑色羽干纹和端斑；羽端黑色；紧邻中央尾羽的1对外侧尾羽羽轴栗色；颏、喉暗褐色沾红，颏部具1枚向前弯曲的须状羽；上胸暗绯红色，下胸鲜红色，上下胸间具1条白色星月形窄横带；下体绯红色。雌鸟头、喉、胸均为棕栗色，翅上具棕色斑纹。海南亚种体形小，头顶和前胸均为紫红色。

生境与分布：海南特有亚种，常栖息于海拔1500m以下的常绿阔叶林和次生林。

生活史特征：常单独或成对活动。性胆怯、孤僻，常一动不动地垂直站在树冠层的低枝上或藤条上。见人即飞，飞行时，多在林间呈上下起伏的波浪式飞行。主要以昆虫幼虫为食，也取食植物果实。繁殖期为4月至7月，窝卵数通常3～4枚。常营巢于天然树洞中，有时也在枯朽的树上掘洞营巢。留鸟。

主要受胁因素：栖息地退化与丧失。

102 蓝须蜂虎

学　名：*Nyctyornis athertoni*
英文名：Blue-bearded Bee-eater

识别特征：中等体形鸟类，体长29～35cm，体重77～200g。前额、头顶前部碧蓝色。上体为绿色沾蓝色；尾方形，草绿色。下体自颏、喉和胸的中央具1枚逐渐变长变宽的碧蓝色羽毛，在胸部形成悬垂的蓝色纵带；颏、喉、颈、胸侧、背均为草绿色；下体棕黄色；腹部棕黄色，具灰绿色纵纹；尾下覆羽棕黄色，羽轴白色。虹膜棕红色；喙暗褐色或黑色；跗跖和趾暗褐色或蓝绿色，爪黄褐色。海南亚种尾较短。

生境与分布：海南特有亚种，常栖息于海拔1500m以下山地或丘陵地带的沟谷、河边等地带。

生活史特征：林栖型。常单独或成对活动。常在树冠上或林间觅食。主要以蜻蜓为食。繁殖期为3月至6月，窝卵数通常4～6枚。常营巢于林区河岸边或土路旁边的土质崖壁上，挖洞为巢。巢呈隧道状，末端扩大为巢室。留鸟。

主要受胁因素：栖息地质量降低和丧失。

103 栗喉蜂虎

学　名：*Merops philippinus*
英文名：Blue-tailed Bee-eater

识别特征： 头顶至背草绿色沾黄色；由额经眼先和眼至耳覆羽具1条黑色宽的贯眼纹，此纹上下各具1条窄的淡蓝色纹。上体绿色；腰和尾上覆羽蓝色；尾蓝色；中央尾羽甚延长，尖端黑色；肩和两翼表面草绿色，翅上覆羽铜绿色；翅下覆羽黄色。颏和上喉黄色；下喉和上胸栗色；下胸、腹草绿色；下腹至尾下覆羽蓝色；腋羽栗黄色。虹膜玫瑰红色；喙黑色；脚暗褐色，爪黑色。

生境与分布： 常栖息于林缘、田野、河岸等开阔地带。

生活史特征： 常成数只至数十只的群。在飞行中捕食，白天从早到晚多在农田等开阔地的上空飞翔捕食。主要以蜻蜓、蛾类为食，也取食蜂类、白蛾等。繁殖期为4月至6月，窝卵数通常4～7枚。营巢于河流、溪边较陡峭的土质岩壁上，挖洞为巢。巢洞为隧道形，洞末端扩大为巢。留鸟。

主要受胁因素： 栖息地质量降低和丧失。

104 蓝喉蜂虎

学　名：*Merops viridis*
英文名：Blue-throated Bee-eater

识别特征：中等体形鸟类，体长26～28cm，体重32～35g。贯眼纹黑色，到眼后变宽；前额、头顶、枕、后颈和上背均为深栗色；下背蓝绿色；肩和翅绿色，内侧飞羽蓝色；颏、喉和颈侧均为蓝色；胸和腹绿色；腰、尾淡蓝色；中央尾羽延长，呈针形；尾下覆羽淡蓝色。虹膜红色，喙、脚黑色。

生境与分布：常栖息于林缘疏林、灌丛、草坡等开阔地带，也见于农田、海岸、河谷和果园等地。偏好近海的低洼开阔的原野及林地。

生活史特征：常单独或成小群活动。常停留在树上或电线上休息。主要以蜂类为食，也捕食其他昆虫。繁殖期为5月至7月，窝卵数4枚。留鸟。

主要受胁因素：栖息地质量降低和丧失。

105 白胸翡翠

学　名：*Halcyon smyrnensis*
英文名：White-throated Kingfisher

识别特征： 中等体形鸟类，体长26～30cm。额、头顶、头侧、枕、后颈、颈侧、胸侧和下体，包括腹至尾下覆羽、腋羽和翅下覆羽均为深栗色；背、肩和三级飞羽蓝色，下背至尾上覆羽蓝绿色，具光泽；翅上小覆羽蓝绿色，中覆羽黑色，大覆羽、飞羽蓝绿色；初级飞羽黑色；除第1枚初级飞羽外，其余初级飞羽内翈基部白色，往内白色增加，在翅上形成明显的白色翅斑；内侧飞羽和尾均为蓝色；外侧尾羽比中央尾羽辉亮；颏、喉和胸部中央白色。

生境与分布： 常栖息于山地森林和山脚平原河流、湖泊岸边，也见于池塘、水库、沼泽和稻田等水域岸边。

生活史特征： 常单独活动。飞行时，呈直线，速度较快。多停留在水边树木枯枝上或石头上，有时站在电线上，长时间注视水面，以待猎食。主要以水生昆虫、蟹、软体动物和鱼为食，也捕食鳞翅目、直翅目、鞘翅目和膜翅目昆虫。繁殖期为3月至6月，窝卵数通常4～8枚。巢于河岸、沟谷田坎土岩洞中，掘洞为巢。留鸟。

主要受胁因素： 盗猎及水体污染。

106 斑头大翠鸟

学　名：*Alcedo hercules*
英文名：Blyth's Kingfisher

识别特征： 小体形鸟类，体长约23cm。前额、头顶、头侧、枕和后颈均为黑色，具亮蓝色横斑，中央具1个亮的淡蓝色斑点；眼先黑色，眼前和眼下各具1个黄色斑；颊和耳覆羽黑色；颈侧耳羽后具1个白色横斑；背中部、腰、尾上覆羽均为亮淡蓝色；尾黑色；肩和内侧次级飞羽黑色；翅上覆羽和飞羽黑色；颏、喉白色；下体包括腋羽和翼下覆羽棕栗色。

生境与分布： 常栖息于海拔1200m以下的低山丘陵常绿阔叶林中的溪流或山脚林木环绕的溪流地带。

生活史特征： 常单独活动。性胆怯。多栖息在岸边树木低枝上或伸向水面的树枝上，也常在水面上空飞行觅食。善捕鱼。主要以小鱼为食，也捕食甲壳类和多种水生昆虫，有时也取食植物性食物。繁殖期为4月至7月。营巢于林中溪流岸边土崖上，挖洞为巢，垂直在土岩壁上朝里打一个直隧道，末端扩大为巢室。留鸟。

主要受胁因素： 种群密度低，森林砍伐引起生境缺失和破碎化，拦河建坝、溪流污染等人类活动对巢址的选择和生存繁衍的行为产生影响。

107 大黄冠啄木鸟

学　名：*Chrysophlegma flavinucha*
英文名：Greater Yellownape Woodpecker

识别特征：中等体形鸟类，体长29～36cm，体重122～180g。雄鸟额、头顶和头侧均为暗橄榄褐色；额和头顶缀棕栗色；枕部具橙黄色羽冠；前颈褐色沾绿，杂白色条纹；上体和内侧飞羽黄绿色，初级飞羽黑褐色，除翼端外，具深棕色宽横斑；内侧飞羽外翈绿色，内翈黑色，具深棕色横斑；其余两翅表面与背同色；尾羽黑褐色，中央尾羽基部羽缘绿色；颏、喉黄色；胸暗橄榄褐色，其余下体逐渐变为橄榄灰色。雌鸟与雄鸟相似，喉棕色。

生境与分布：常栖息于常绿阔叶林。

生活史特征：常单独或成对活动。飞行时，呈波浪式，多往返于树干间，沿树干攀爬和觅食，有时也到地上活动和觅食。主要以昆虫为食，有时也取食植物种子和浆果。繁殖期为4月至6月，窝卵数通常3～4枚。通常营巢于树洞中，多选择腐朽的树干凿巢。留鸟。

主要受胁因素：栖停、繁殖、育雏都依赖大树，森林砍伐、开荒种地等人类活动导致栖树减少、适宜生境遭到破坏；栖息地片段化。

108 黄冠啄木鸟

学　名：*Picus chlorolophus*
英文名：Lesser Yellownape Woodpecker

识别特征： 小体形鸟类，体长23～27cm，体重63～79g。雄鸟额红色或橄榄绿色；鼻羽至眼上方黑色；头顶和颈侧橄榄绿色；枕部具金黄色羽冠；眉纹红色细长，前端与额部红色相连，后端与金黄色枕部冠羽相连；眼先经眼下到颈侧具白色颊纹；耳羽和颈侧同色；上体淡黄绿色且具光泽；两翅褐色；尾黑褐色，中央尾羽具橄榄绿色狭缘；颏、喉为淡橄榄绿色；下体均具褐色和白色相间的横斑。雌鸟和雄鸟相似，但额不具鲜红色，仅冠羽两侧红色。海南亚种颈、冠均为绿黄色，背橄榄绿色，胸及上腹均为暗橄榄绿色，翅长小于14.2cm。

生境与分布： 海南特有亚种。常栖息于常绿阔叶林和混交林，也见于竹林和林缘灌丛地带。

生活史特征： 常单独或成对活动。主要以昆虫为食，偶尔也吃植物果实和种子。繁殖期为4月至7月，窝卵数通常2～4枚。营巢于树洞中。留鸟。

主要受胁因素： 栖停、繁殖、育雏都依赖大树，森林砍伐、开荒种地等人类活动导致栖树减少、适宜生境遭到破坏；栖息地片段化。

109 红隼

学　名：*Falco tinnunculus*
英文名：Common Kestrel

识别特征：小型猛禽，体长30～36cm，体重173～335g。雄鸟头顶、头侧、后颈、颈侧均为蓝灰色；眼下具沿喙角垂直向下的黑色宽纵纹；前额、眼先和细窄的眉纹均为棕白色；背、肩和翅上覆羽均为砖红色；腰和尾上覆羽蓝灰色，具暗灰褐色细羽干纹；尾长，蓝灰色；颏、喉乳白色或棕白色。雌鸟上体棕红色；背到尾上覆羽具黑褐色粗横斑；尾棕红色；翅上覆羽棕黄色；颊部和眼下具黑色纵纹；下体乳黄色。

生境与分布：常栖息于农田、村落附近、山地森林、林缘、草原、旷野等地带。

生活史特征：常单独活动。傍晚活动频繁。主要以蝗虫、吉丁虫、螽斯、蟋蟀等昆虫为食，也捕食蛙、蛇、蜥蜴、雀形目鸟类、鼠类等动物。常低空悬停，发现猎物后迅速捕捉。有时也站在山丘岩石高处，或站在树顶和电线杆上等候，等猎物出现在面前时才突然出击。繁殖期为5月至7月，窝卵数通常4～5枚。通常营巢于悬崖、山坡岩石缝隙、土洞、树洞和喜鹊、乌鸦以及其他鸟类在树上的旧巢中。留鸟。

主要受胁因素：盗猎及灭鼠药误杀。

110 燕隼

学　名：*Falco subbuteo*
英文名：Eurasian Hobby

识别特征：小型猛禽，体长29～35cm，体重120～294g。头部黑色区域似"头盔"状，脸颊白色区域成"爱心"形。雄鸟前额白色，头顶至后颈为灰黑色或黑色，眼上具白色细眉纹；颈侧、颏、喉均为白色；后颈羽基白色；背、肩、腰均为暗蓝灰色；尾羽灰色或褐色；翅上覆羽蓝灰色或暗石板灰褐色；颊部具垂直向下的黑色髭纹；胸、上腹为白色；下腹、尾下覆羽和腿覆羽均为棕栗色；翅下和腋羽白色。飞行时，翅狭长而尖；腹面白色，密布黑褐色横斑。

生境与分布：常栖息于开阔平原、旷野、耕地、海岸、疏林和林缘地带，也见于村庄附近。

生活史特征：常单独或成对活动。黄昏活动频繁。飞行速度快，短暂的扇翅飞行后能滑翔。主要以麻雀、山雀等鸟类为食，偶尔捕食蜻蜓、蟋蟀、蝗虫、天牛、金龟子等昆虫。繁殖期为5月至7月，窝卵数通常2～4枚。营巢于疏林或林缘和田间高大乔木上，常侵占乌鸦和喜鹊的巢。冬候鸟、旅鸟。

主要受胁因素：盗猎以及农药污染、栖息地退化导致的昆虫数量减少。

111 游隼

学　名：*Falco peregrinus*
英文名：Peregrine Falcon

识别特征：中等体形猛禽，体长41～51cm，体重647～825g。头顶和后颈均为灰黑色；脸颊具下垂黑色髭纹；背、肩为蓝灰色，具黑褐色羽干纹和横斑；腰和尾上覆羽为浅蓝灰色，具黑褐色窄横斑；尾暗蓝灰色；翅上覆羽淡蓝灰色；飞羽黑褐色，具污白色端斑和微缀棕色斑纹；翅长而尖；上胸和颈侧具细的黑褐色羽干纹；其余下体具黑褐色横斑；翼下覆羽、腋羽和腿覆羽白色。虹膜暗褐色。

生境与分布：常栖息于山地、丘陵、半荒漠、沼泽与湖泊沿岸地带，也见于开阔的农田、耕地和村庄。

生活史特征：常单独活动。性情凶猛。飞行迅速，常在快速鼓翼飞行后伴随一阵滑翔。主要以野鸭、鸥、鸠鸽类、乌鸦和雉鸡类等中小型鸟类为食，也捕食鼠类和野兔等小型哺乳动物。主要在空中捕食，多数时候在空中飞翔巡猎，发现猎物时先是快速升上高空，然后将双翅折起，急速向猎物猛扑，用强有力的爪击中猎物后枕要害部位，使猎物受伤失去飞行能力下坠，再快速冲去，用利爪抓住猎物带到较隐蔽的地方觅食。繁殖期为4月至6月，窝卵数通常2～4枚。营巢于河谷悬崖等人类难以到达的地方。冬候鸟。

主要受胁因素：盗猎、农药污染及重金属富集。

112 绯胸鹦鹉

学　名：*Psittacula alexandri*
英文名：Red-breasted Parakeet

识别特征：中等体形鸟类，体长26～37cm，体重85～170g。雄鸟前额具黑色线，沿两侧向后伸至眼先；眼先和眼周蓝灰色；头部灰色；后颈及颈侧为辉绿色；背、肩、内侧覆羽和内侧飞羽均为绿色，外侧中、大覆羽均为金绿色；尾羽狭窄、尖，中央2枚尾羽甚狭长、蓝色；颏、喉为黑色；下体及翅下覆羽绿色；胸部及上腹紫灰色，下腹绿色。雌鸟头偏蓝灰色，喉、胸橙红色，中央尾羽一般比雄鸟短。雄鸟上喙红色，下喙黑色；雌鸟喙黑色；脚暗黄绿色或石板黄色。

生境与分布：常栖息于海拔相对较低的山区常绿阔叶林。

生活史特征：常十余只至数十只成群活动。性温顺。日行性。善攀缘，且能喙、脚并用上、下攀爬。飞行时快而直。主要以浆果、坚果等果实为食，也取食种子、花蜜、嫩枝、幼芽和昆虫。常成群从栖息地飞往山脚、平原、河谷、农田和居民点附近觅食。繁殖期为3月至5月，窝卵数通常3～4枚。多营巢于天然树洞中。

主要受胁因素：非法猎捕贸易以及栖息地减少和质量下降。

113 蓝背八色鸫

学　名：*Pitta soror*
英文名：Blue-rumped Pitta

识别特征： 中等体形鸟类，体长22～24cm，体重91～135g。前额红褐色；头顶至背均为蓝绿色，具金属光泽，眼周、眼先和眉区均为锈红色；眼后具1条浅黑纹。下背全腰蓝色；肩、两翼覆羽和内侧飞羽绿色，羽缘黄褐色；尾上覆羽亮绿色；尾羽暗绿色。颏、喉白色；胸黄色缀粉红色；腹和两胁茶黄色；腹中部较浅淡；下腹白色沾棕色；翅下覆羽灰褐色，具黄褐色斑；腋羽淡黄褐色，尾下覆羽棕白色。海南亚种的翅稍短。

生境与分布： 常栖息于热带常绿阔叶林中。偏好疏林、灌丛、次生林和小树丛，有时也见于村边树林和灌丛中。

生活史特征： 单个或成对活动，多在林下阴湿地面或灌木上休息和觅食。行动敏捷，善跳跃，常在地面落叶层中扒食。受惊时，常沿地面做短距离飞行。主要以鳞翅目、鞘翅目幼虫、金龟子、蚂蚁和蜂类为食。留鸟。

主要受胁因素： 原生的常绿阔叶林被大量破坏，导致栖息地减少和质量下降。

114 仙八色鸫

学　名：*Pitta nympha*
英文名：Fairy Pitta

识别特征： 中等体形鸟类，体长 18～22cm，体重 48～70g。头深栗褐色；中央冠纹黑色；眉纹狭长，皮黄白色，自额基一直延伸到后颈两侧；眉纹下具 1 条黑色宽贯眼纹，该纹经眼先、颊、耳羽直到后颈，形成领斑状；背、肩和内侧次级飞羽表面亮绿色；腰、尾上覆羽和翅上小覆羽蓝色，具光泽；尾黑色，羽端沾蓝色；喉白色；胸皮黄白色；腹中部和尾下覆羽血红色。

生活史特征： 常单独活动。性机警而胆怯，行动敏捷，善跳跃，多在地上跳跃行走。飞行直而低，飞行速度较慢。主要以昆虫为食，也捕食蚯蚓等其他动物。繁殖期为 5 月至 7 月，窝卵数通常 4～6 枚。营巢于密林中的树上。巢多置于树干分岔处，也置于岩石上。旅鸟。

主要受胁因素： 繁殖区森林的丧失和片段化、天然林面积减少、非法猎捕及人为活动。

115 蓝翅八色鸫

学　名：*Pitta moluccensis*
英文名：Blue-winged Pitta

识别特征：中等体形鸟类，体长19～21cm，体重74～90g。自前额经头顶、枕到后颈具1条黑色中央冠纹；额部黑色冠纹较窄，前额余部和黑色中央冠纹两侧为红棕色；眼先、眼周、颊部、耳羽、颈侧均为黑色；背、肩和内侧次级飞羽均为绿色；腰、尾上覆羽和翅上小覆羽均为亮紫蓝色；中覆羽紫蓝色，羽基缀蓝绿色；大覆羽蓝绿色；尾黑色，端部蓝绿色；颏、喉白色，颊部羽端黑色，喉和颈侧下部白色；胸、腹和两胁栗色，胸部色浓；腹中部和尾下覆羽血红色，腋羽黑色。

生境与分布：常栖息于热带雨林中，尤其是疏林、灌丛、次生林和小树丛内，也见于村边树林和灌丛中。

生活史特征：常单独活动，也成2～3只小群。行动敏捷，善跳跃。常在潮湿的地面落叶层中觅食，但停歇时多栖息在树上。主要以昆虫和其他小型无脊椎动物为食。繁殖期为5月至7月，窝卵数通常4～6枚。常营巢于森林中地上或山坡上，尤其喜欢林下植物丰富的森林溪流岸边。通常置巢于树根间，巢口开口面向小溪。迷鸟。

主要受胁因素：适宜栖息地退化和丧失。

116 银胸丝冠鸟

学　名：*Serilophus lunatus*
英文名：Sliver-breasted Broadbill

识别特征： 中等体形鸟类，体长 16～18cm，体重 21～39g。雄鸟前额基部白色；头顶和枕为灰棕色；自眼先延伸至后颈两侧具黑色宽眉纹；上背和肩为烟灰褐色，微缀蓝色或锈色；下背、腰至尾上覆羽由红色渐变为栗色；两翅覆羽黑色，翼缘白色，翼角缀浅蓝色；尾黑色；下体淡银灰白色；颏、喉近白色；胸淡棕黄色；翅下覆羽黑褐色；腋羽灰白色；尾下覆羽纯白色。雌鸟羽色和雄鸟相似，上胸具银白色环带。喙扁、天蓝色，喙基部橙色。

生境与分布： 常栖息于海拔 1500m 以下的山地森林中，也见于林缘、溪边树木或灌丛。

生活史特征： 常成 10～20 只小群活动。多在树冠层下活动。喜静栖，不善跳跃和鸣叫，鸣声低弱。具较强的社群性，一只被捕获，其余个体会在附近盘旋，试图营救同伴。主要以昆虫为食，偏好椿象、蝗虫、象甲、天牛等昆虫。窝卵数通常 4～5 枚。营巢于森林中溪边矮树或灌木上。留鸟。

主要受胁因素： 适宜栖息地退化和丧失。

117 大盘尾

学　名：*Dicrurus paradiseus*
英文名：Greater Racket-tailed Drongo

识别特征： 大体形鸟类，体长约33cm，含尾羽可达66cm。雄鸟通体黑色；额部羽簇长而卷曲，形成直立羽冠；头顶、背、胸、两翅和尾表面均具蓝绿色光泽；尾叉状，最外侧一对尾羽极长，近端的内翈较外翈明显变宽，末端的外翈较内翈明显变宽，形成扭曲状；下体黑褐色。雌鸟和雄鸟相似，但较少光泽，羽色较暗。虹膜红色到深红色，喙、脚、爪黑色。海南亚种的冠羽较宽，较钝；额羽不发达。

生境与分布： 海南特有亚种。常栖息于热带雨林、低山丘陵和山脚平原地带的常绿阔叶林和次生林中，也常见于竹林、农田和村落附近的小块丛林、果园和疏林草坡等开阔地带。

生活史特征： 常单独或成对活动，也成3～5只小群。常停息在空旷处的孤树上。飞行时，拖着长尾，做波浪式飞行。主要以蝗虫等昆虫为食，也捕食蛙、蜥蜴等动物。通常站在树木高处窥视周围动静，发现猎物立刻飞去捕捉，然后飞回原处吞食。繁殖期为4月至6月，窝卵数通常3～4枚。多营巢于阔叶树顶端高处。留鸟。

主要受胁因素： 栖息地丧失和片段化。

118 黄胸绿鹊

学　名：*Cissa hypoleuca*
英文名：Yellow-breasted Magpie

识别特征：中等体形鸟类，体长30～34cm，体重118～155g。雄鸟额、头顶、枕和羽冠及头侧和后颈均为蓝绿色；自喙角、眼先起具1条黑色宽贯眼纹，经眼延伸到后颈，形成黑色宽环带；肩、背、腰、尾上覆羽和中央尾羽均为紫蓝绿色，其余尾羽蓝绿色；两翅除第1枚初级飞羽和最内侧数枚飞羽外，均为栗褐色；颏、喉绿色；其余下体浅蓝绿色；胸部多蓝色。雌鸟体羽多呈浅蓝色或浅蓝沾绿色。喙、脚橙黄色。海南亚种中央尾羽黄色较重，尾端灰色。

生境与分布：海南特有亚种。常栖息于海拔1500m以下山地森林和林缘疏林。

生活史特征：常单独、成对或集小群活动。在树上或林下灌木上跳跃，也常在溪边或地上活动和觅食。主要以昆虫为食，也取食植物果实、种子。留鸟。

主要受胁因素：盗猎以及适宜栖息地退化和丧失。

119 红胁绣眼鸟

学　名：*Zosterops erythropleurus*
英文名：Chestnut-flanked White-eye

识别特征： 头部黄绿色；眼周白色；上体黄绿色；飞羽、大覆羽、中覆羽黑褐色；飞羽、覆羽外翈羽缘均为暗绿色；尾暗褐色，外翈羽缘黄绿色；颏、喉、颈侧、上胸鲜硫黄色；下胸、腹部中央乳白色；下胸两侧苍灰色；两胁栗红色；尾下覆羽鲜硫黄色；腋羽、翅下覆羽白色；腋羽微沾黄色。

生境与分布： 栖息于海拔900m以下的低山丘陵和山脚平原地带的阔叶林和次生林中，以河边溪流沿岸的小树丛和灌丛中较常见。迁徙、越冬时常见于果园、城镇公园、农田。

生活史特征： 单独或成对活动，有时成群。经常在树枝间跳跃穿梭，在枝叶间活动、觅食，有时悬吊在细软的枝条或叶片下面。飞行姿势略呈波浪状。主要以昆虫为食。营巢于树木枝杈间或灌木丛上。冬候鸟、旅鸟。

主要受胁因素： 常作为笼养鸟被捕捉贩卖。

120 海南画眉

学　名：*Garrulax owstoni*
英文名：Hainan Hwamei

识别特征：中等体形鸟类，体长21～24cm。额棕色；头顶至上背棕褐色；自额至上背均具黑色宽纵纹，纵纹前段色深、后部色淡；眼圈白色；眉纹白色，较短；头侧包括眼先和耳羽均为暗棕褐色；两翅飞羽暗褐色；尾羽浓褐色或暗褐色，具多道浅黑褐色横斑；尾末端偏暗褐色；颏、喉、上胸和胸侧棕黄色，杂以黑褐色纵纹；下体棕黄色；两胁较暗无纵纹；腹中部污灰色；肛周沾棕，翅下覆羽棕黄色。

生境与分布：海南特有种。常栖息于海拔1800m以下的开阔林地。

生活史特征：常单独、成对、成小群活动。性机敏胆怯、好隐匿。善鸣唱，鸣声婉转动听，繁殖季雄鸟尤为善唱。主要以昆虫为食，也吃野生植物果实和种子以及部分谷物。此外，也吃蚯蚓等其他无脊椎动物等。繁殖期为3月至7月，窝卵数通常3～5枚。多营巢于灌木上。留鸟。

主要受胁因素：盗猎以及适宜栖息地退化和丧失。

121 黑喉噪鹛

学　名：*Garrulax chinensis*
英文名：Black-throated Laughingthrush

识别特征：中等体形鸟类，体长23～29cm，体重80～99g。额基、眼先、眼周、颊、颏和喉均为黑色，额基黑斑上面具白斑，头顶至后颈为灰蓝色，眼后具1个大块白斑，颈侧具明显的白色或棕褐色斑带。上体通常橄榄褐色；两翅覆羽与背同色，飞羽黑褐色；中央1对尾羽具浅暗色横斑。胸橄榄灰色或橄榄灰褐色。海南亚种头顶深蓝灰色，与背部区别明显，背部棕褐色；眼后无白色块斑。

生境与分布：海南特有亚种。常栖息于海拔1500m以下低山和丘陵地带的常绿阔叶林、热带雨林和竹林，也见于农田地边、村寨附近以及滨海的次生林和灌木林。

生活史特征：常成数只或10多只的小群活动，也单独或成对活动。常在林下灌木丛间跳来跳去，群间个体通过叫声保持联系，社群行为极强。主要以蚂蚁、椿象、象甲、步行虫等昆虫为食，也取食部分植物果实和种子。繁殖期为3月至8月，1年繁殖2次，窝卵数通常3～5枚。营巢于林下茂密的灌木丛或竹林里。留鸟。

主要受胁因素：盗猎、作为笼养宠物鸟。

122 鹩哥

学　名：*Gracula religiosa*
英文名：Hill Myna

识别特征： 中等体形鸟类，体长23～31cm。眼先和头侧被黑色短羽；头顶中央羽毛硬密、卷曲；眼下皮肤裸露为橙黄色；头后两侧具鲜黄色肉垂；通体黑色，具紫黑色金属光泽；腰和尾上覆羽具绿黑色光泽；两翅和尾黑色而少光泽；初级飞羽基部白色，形成白色宽翅斑；颏、喉为蓝黑色。

生境与分布： 常栖息于低山丘陵和山脚平原地区的次生林、常绿阔叶林、落叶阔叶林、竹林和混交林。

生活史特征： 常成3～5只小群或10～20只的大群，社群行为极强。鸣声清脆、响亮而婉转多变，繁殖期间更善鸣叫，常彼此互相呼应。能模仿其他鸟类鸣叫。主要以蝗虫、白蚁等昆虫为食，也取食无花果、榕树等植物果实和种子。繁殖期为4月至6月，窝卵数通常2～3枚。多营巢于死树或腐朽树木上的天然树洞中，常利用旧巢。留鸟。

主要受胁因素： 过度捕捉及栖息地质量下降。

123 红喉歌鸲

学　名：*Calliope calliope*
英文名：Siberian Rubythroat

识别特征：小体形鸟类，体长14～17cm，体重16～27g。雄鸟上体橄榄褐色；额和头顶较暗沾棕褐色，具明显的白色眉纹和颊纹；眼先、颊黑色；耳羽橄榄褐色；两翅覆羽和飞羽暗棕褐色；尾上覆羽橄榄褐色，微沾黄棕色；尾羽暗棕褐色，羽缘浅棕色；颏、喉红色；胸灰色或灰褐色。雌鸟羽色和雄鸟大致相似，但颏、喉部为白色，胸沙褐色，眉纹和颊纹棕白色。

生境与分布：常栖息于低山丘陵和山脚平原地带的次生阔叶林和混交林中，也见于平原地带繁茂的草丛或芦苇丛间，偏好溪流的近水地带。

生活史特征：常在地面上活动，在林下灌丛或地边草丛中奔跑、跳跃。觅食也多在地上，有时也在灌木低枝上和草丛上取食。性机警而胆怯，善于隐蔽，活动时多寂静无声，但在繁殖期间善鸣叫。雌鸟较少鸣叫，活动更为隐蔽。主要以甲虫、叩头虫、蚂蚁和鳞翅目等昆虫为食，也取食少量植物性食物。繁殖期为5月至7月，窝卵数通常4～6枚。营巢于次生林林缘或较茂密的灌丛中地上，巢呈椭圆形。冬候鸟。

主要受胁因素：盗猎、作为笼养宠物鸟。

124 蓝喉歌鸲

学　名: *Luscinia svecica*
英文名: Bluethroat

识别特征: 小体形鸟类,体长12~16cm,体重13~22g。雄鸟眼先黑褐色;颊和耳羽与背同色;头顶色暗;眉纹白色;前额、头顶、背、肩、两翅表面和最长的尾上覆羽均为土褐色;腰淡棕色;尾上覆羽栗红色,中央1对尾羽黑褐色,其余尾羽基部栗红色;下体颏、喉亮蓝色;喉下至胸部具黑、白、橙三种颜色的胸带(不同亚种有差异);两胁和尾下覆羽棕白色。雌鸟上体羽色较雄鸟淡,除具白色眉纹外,也具白色颊纹;颏、喉白色或棕白色;胸黑褐色,形成1条黑褐色宽的胸带。

生境与分布: 常栖息于山地森林、灌丛和林缘疏林的溪流、湖泊等水域附近。

生活史特征: 常单独或成对活动,迁徙期间见分散的小群。性胆怯,行动极为隐秘,常在地面上奔跑或在灌丛枝间跳跃。休息时,多停于灌木低枝上,也不时扭动和扩展其尾羽。主要以甲虫、蝗虫、鳞翅目幼虫等为食。繁殖期为5月至7月,窝卵数通常4~7枚。通常营巢于灌丛中或地上凹坑内,也在树根和河岸崖壁洞穴中营巢。冬候鸟。

主要受胁因素: 盗猎、作为笼养宠物鸟。

125 棕腹大仙鹟

学　名：*Niltava davidi*
英文名：Fujian Niltava

识别特征：小体形鸟类，体长15～18cm，体重24～28g。雄鸟前额、眼先和头侧均为黑色；头顶前、两侧眉区深蓝色；颈两侧各具1条短带斑；腰、尾上覆羽和小覆羽均为深蓝色；头顶后部、枕、后颈、背、肩和两翅表面均为深蓝色；飞羽黑褐色，羽缘暗蓝色；中央尾羽鲜蓝色，其余尾羽黑褐色；颏、喉黑色；胸、腹等下体橙棕色；腋羽和翅下覆羽橙棕色。雌鸟上体橄榄色；头侧、颈侧橄榄褐色；颈侧具辉钻蓝色带斑；颏淡棕褐色；喉、胸、两胁橄榄褐色；下喉具2个白色星月形斑与颈侧钻蓝色斑相连；尾棕褐色。

生境与分布：常栖息于低山常绿阔叶林、落叶阔叶林和混交林中，也见于林缘疏林和灌丛。

生活史特征：常单独或成对活动，有沿着粗的树枝奔跑的习性。常停留在灌木或幼树枝上，发现食物后迅速捕食。主要以昆虫为食。夏候鸟。

主要受胁因素：适宜栖息地退化和丧失。

126 猕猴

学　名：*Macaca mulatta*
英文名：Rhesus Monkey

识别特征： 中等体形，头体长43～60cm，尾长15～32cm，体重5～10kg。颜面瘦削，裸露无毛，轮廓分明；头顶棕色，无旋毛；额略突，眉骨高，眼窝深，具颊囊。鼻骨短，左右密连，稍呈三角形。面部、耳多为肉色。门齿中间1对较大，外侧1对较小。犬齿较尖长，与门齿隔一间隙。前臼齿较小。臼齿大。体背毛上半部棕褐色，腰部以下至尾基部及下肢内侧棕红色，毛基部灰色，腹面淡灰色，尾后半段颜色深暗，呈黑褐色。臀胝发达，呈红色。尾较长，约为体长的2/5。

生境与分布： 海南特有亚种，常栖息于树林中，喜欢在岩石嶙峋、溪旁沟谷地带或河岸石壁上活动。分布范围较广。

生活史特征： 集群生活，常成数只或数十只小群，由猴王带领，群居于森林中。昼夜活动，一般上午8时至9时和13时至16时进食，晨昏常到溪边喝水。喜攀藤上树，喜栖息于峭壁岩洞。主要以树叶、嫩枝、野菜等为食，也捕食各种昆虫、小鸟、鸟蛋，甚至蚯蚓。采食野果，边采边丢，只食甜熟果子，未熟果子则丢弃。一般每年产仔1次，每胎1仔。寿命可达20年。

主要受胁因素： 适宜栖息地质量下降。

127 黑熊

学　名：*Ursus thibetanus*
英文名：Asiatic Black Bear

识别特征： 头体长110～177cm，尾长5～16cm，体重54～240kg。体肥壮、四肢粗，头较宽，吻较短，鼻端裸出，眼小，耳长而显著，被有长毛。尾极短。前后足均具5指（趾），爪弯曲，前指爪较后趾爪粗壮。前足的腕垫宽大，与掌垫相连，掌垫与趾垫间着生栗棕色的毛。全身黑色；鼻和颜面部栗棕色；眉额部有稀疏的白毛；下颏白色；胸部具1个明显"V"形白斑，尖端指向后胸。幼兽毛色稍浅淡，黑色毛区混有棕褐色，下颏白色，胸部具"V"形白斑。

生境与分布： 常栖息于山区原始林或次生林中，近年来野外已未见踪迹。

生活史特征： 常夜间活动，白天则躲在树洞或岩洞中休息。主要以各种浆果、植物嫩叶、竹笋和苔藓等植物为食，也吃蜂蜜，还取食各种昆虫、蛙、鱼以及腐肉。多在冬季或翌年春季产仔，于树洞或深山杂草灌丛中产仔，每次产2仔。仔熊生下1个月后睁眼，2～3个月后便随母熊外出活动。母熊护仔性极强，日夜在产仔地周围活动。

主要受胁因素： 栖息地丧失。

128 黄喉貂

学　名：*Martes flavigula*
英文名：Yellow-throated Marten

识别特征：体形较小，体长45～56cm。头较尖细，鼻端裸露，鼻垫发达，耳小而圆。四肢较短，具5指（趾），爪弯曲锐利。尾长超过体长一半。额、头顶和两颊为褐色，头后至颈背混杂橙黄色毛尖的毛，头部黑斑消失，形成2条黑色的耳后纹。颏部白色，颈侧及喉部甚至胸部为橙黄色，界线分明。背毛赤黄色，向后至臀部颜色变暗；背脊稍杂黑色，脊部自腰椎以后形成较明显的黑色脊线。腹毛比背毛颜色浅，两区无明显分界。四肢足部及尾均为暗褐色。

生境与分布：常栖息于面积较大的森林中，平原和丘陵地带很少见。

生活史特征：具有较强的环境适应能力。常日间活动，晨昏活动较为频繁。成对或多只一起活动，行动小心而隐蔽。善于爬树。典型的食肉兽，主要以昆虫、鱼类及小型鸟兽为食。除动物性食物外，也采食一些野果。

主要受胁因素：非法捕猎。

129 小爪水獭

学　名：*Aonyx cinerea*
英文名：Asian Small-clawed Otter

识别特征：头体长400～610mm，尾长290～350mm，后足长75·95mm，耳卡20·25mm，体重2～4kg。全身咖啡色；颊部、喉部为浅黄色；鼻垫后上缘被毛呈一横列；毛尖白色，通体毛富于光泽；四肢和尾与体同色；腹部色较淡。头部宽圆，吻部更短，眶间较宽且短。身体长而呈圆柱形，尾长而有肌肉，覆有毛，适于游泳。足部趾间具发达的蹼，趾爪极小。

生境与分布：栖息于小溪、池塘、稻田、湖沼、沼泽、红树林等区域。

生活史特征：穴居，通常会在河岸上挖穴筑巢。营群体生活。昼伏夜出。食物主要是无脊椎动物，如蟹和其他甲壳类软体动物、两栖动物，也吃昆虫和小型鱼类。

主要受胁因素：栖息地河流断流和改道使得溪流鱼类数量锐减。

130 水獭

学　名：*Lutra lutra*
英文名：Eurasian Otter

识别特征：体形较小，体重约4kg。头部宽而稍扁，吻短，眼睛稍突而圆。耳朵小，外缘圆形，着生位置较低。四肢短，趾间具蹼。颏、喉部的针毛白色，绒毛尖端赤黄褐色，无界线分明的白斑。

生境与分布：主要栖息于河流和湖泊一带，尤其喜欢生活在两岸林木繁茂的溪流地带。

生活史特征：多穴居，但一般没有固定洞穴。主要以鱼类为食，常将捉到的鱼托出水面而食，也捕捉小鸟、小兽、青蛙、虾、蟹等，有时还吃一部分植物性食物。

主要受胁因素：非法猎捕及栖息地退化。

131 椰子猫

学　名：*Paradoxurus hermaphroditus*
英文名：Common Palm Civet

识别特征：头体长47～57cm，尾长47～56cm，体重1.15～3.30kg。体形似小灵猫，吻短。全身大部分为棕黄色，体侧有黑色的斑点；头部黑褐色，前额有鲜明白斑；眼上后方及眼下和耳基部有白斑；自额背至尾基部具5条明显的黑色纵条纹；腹面灰黄色，部分个体腹面呈棕色；四肢黑褐色，仅前肢外侧有少许棕黄色毛；尾长超体长，尾深棕黑色，近基端约1/3段呈棕黄色。

生境与分布：常栖息于热带和亚热带密林中，也见于次生林和种植园中。

生活史特征：夜行性，偶然也白天活动。半树栖，善于攀缘，常成对觅食。具放"臭弹"自卫的行为。受惊时，体毛立起，发出"叽叽"的吼声。杂食性，有野果季节主要吃野果，如海南蒲桃、山荔枝、野枇杷、对叶榕果等，其他季节也捕食一些小型动物。夏季繁殖，每年1胎，每胎产3～4仔。幼崽于生后11～12月龄便已成熟。

主要受胁因素：非法猎捕。

132 豹猫

学　名：*Prionailurus bengalensis*
英文名：Leopard Cat

识别特征： 头体长36～66cm，尾长20～37cm，体重1.5～5.0kg。体形似家猫，但更为纤细；腿更长；头圆。全身背面体毛为浅棕色，布满棕褐色至淡褐色斑点；从头部至肩部具4条棕褐色条纹；两眼内缘向上各具1条白纹；耳背具有淡黄色斑；胸腹部及四肢内侧白色，斑点较小；尾背具褐斑点或半环，尾端黑色或暗灰色。

生境与分布： 常栖息于丘陵地区的树林、竹林或灌木草丛中，也见于郊野或村庄附近较大的人工园林处。

生活史特征： 主要为地栖，攀爬能力强，行动敏捷。夜行性，晨昏活动较多。独栖或成对活动。善游水，喜在水塘边、溪沟边、稻田边等近水处活动。主要以昆虫、蛙类、蜥蜴、蛇类、小型鸟类、鼠类等动物为食。多在春季产仔，每胎产2～3仔。

主要受胁因素： 为获取豹猫肉和皮张的非法猎捕。

133 海南麂

学　名：*Muntiacus nigripes*
英文名：Indian Muntjac

识别特征：体重15~20kg。脸部狭长，犬齿发达。前额至吻部毛色微黑；自眶下腺至角分叉处每侧具1条较宽而明显的额腺；额腺较长，最后交汇形成"V"形。四肢细长。体毛赤褐色；背毛颜色较深，暗褐色。雄兽具角，单叉型，角短而直，向后伸展，角基长，角尖向内弯，两尖相对。雌兽无角，但其额顶与雄兽生角相应部位微具突起，且着生成束的黑毛，如同茸角。

生境与分布：常栖息于树林、灌丛中，尤喜居稀疏灌丛、稀树草坡地带。

生活史特征：生性胆小谨慎，多在夜间或清晨、黄昏觅食，白天隐蔽在灌丛中。受惊时能发出类似狗吠的叫声。活动范围固定。雄兽性情孤僻，除发情期外，多单独生活。食性主要以植物嫩枝、叶、花、果实及农作物为食。

主要受胁因素：适宜栖息地质量下降。

134 水鹿

学　名：*Cervus equinus*
英文名：Sambar

识别特征：头体长180～200cm，尾长25～28cm，体重50～125kg。面部稍长，鼻吻部黑色裸露；耳朵大而直立；眶下腺特别发达，泪窝较大。被毛黑褐色，具黑棕色背线；颈部沿背中线具直达尾部的深棕色纵纹；成年雄性在颈部和背部具长鬃毛；腹面黄白色；臀周围锈棕色，无臀斑；尾端部密生蓬松的黑色长毛。雄性的角通常3叉，雌性无角。

生境与分布：常栖息于海拔较高且广阔的阔叶林、混交林、稀树草场等。

生活史特征：喜群居，无固定巢穴。性机警，感觉灵敏，善奔跑。多早晨、傍晚和夜晚活动，白天休息。喜水。主要以草、果实、树叶和嫩芽为食。多在冬季和春季交配，每胎产1仔。哺乳期长达3～4个月，母鹿有带仔习惯，哺乳期间，仔随母兽一起觅食。

主要受胁因素：栖息地丧失和猎捕。

135 巨松鼠

学　名：*Ratufa bicolor*
英文名：Black Giant Squirrel

识别特征： 大体形松鼠，头体长36～43cm，尾长40～51cm，体重1.3～2.3kg。头小，耳具明显的毛簇，四肢短。体背面以及四肢外侧、足背面和尾均为黑色，眼下自嘴侧具1条黑色宽斜纹，颏部通常具2个黑色斑点，眼眶黑色，体腹面和四肢内侧鲜黄色或橙黄色，两颊黄色，耳及其短毛簇均黑色。尾长于体长。

生境与分布： 常栖息于中海拔的热带森林，高海拔地区较罕见。

生活史特征： 树栖，较少集群，行动敏捷，攀登跳跃力强。白昼活动，活动范围较大，具一定活动路线。营巢于树顶上，巢呈椭圆形，巢径多在330mm以上，少见营巢于树洞。主要以各种野果、嫩芽、花蕊等为食。春季和秋季繁殖，每年产仔2次，每胎产1～3仔。

主要受胁因素： 非法猎捕和栖息地丧失。

136 海南兔

学　名：*Lepus hainanus*
英文名：Hainan Hare

识别特征： 小型兔类，头体长35～40cm，尾长4～7cm，体重1250～1750g。头小而圆。体背毛较柔软，头顶和体背毛淡棕色或浅棕白色，腹毛多为乳白色，颊部毛纯白色。耳通常比后足长，向前折可见内侧棕黄色，外侧白色。四肢趾掌为乌棕色。尾的背面黑色，腹面纯白色。

生境与分布： 海南特有种。常栖息于丘陵坡地的灌丛、低草坡中。

生活史特征： 独居。常夜间活动，在黄昏或黎明时活动频繁。该种既不冬眠，也不夏蛰。草食动物，主要以草本植物为食，无储草行为。食物缺乏时，啃咬树皮或嫩枝。

主要受胁因素： 非法猎捕和栖息地丧失。

主要参考文献

陈辈乐，陈湘粦．2009．唐鱼野生种群在海南岛的新发现及其生态资料[J]．动物学研究，30：209-214．

陈琴，2001．斑鳢生物学特性及养成技术[J]．广西农业科学（02）：89-90．

陈树椿，1998．中国珍稀昆虫图鉴[M]．北京：中国林业出版社．

费梁，叶昌媛，江建平，2012．中国两栖动物及其分布彩色图鉴[M]．成都：四川科学技术出版社．

广东省昆虫研究所动物室，中山大学生物系，1983．海南岛的鸟兽[M]．北京：科学出版社．

洪孝友，朱新平，陈辰，等，2018．人工驯养鼋繁殖习性研究．水生生物学报，42(04)：794-799．

黄复生，2002．海南森林昆虫．北京：科学出版社．

江建平，谢峰，李成，等，2021．中国生物多样性红色名录脊椎动物：第四卷两栖动物（上册、下册）．北京：科学出版社．

李文柱，2017．中国观赏甲虫图鉴．北京：中国青年出版社．

林宝珠，朱祥福，曾菊平，等，2017．九连山金斑喙凤蝶野外生物学特性观测．林业科学研究，30(3)：399-408．

林嗣淡，张少鸿，梁伟，2022．海南省鸟类新记录：靴隼雕．四川动物，1(4)：433．

刘少英，吴毅，2018．中国兽类图鉴．福州：海峡出版发行集团．

刘胜利，1990．中国叶䗛一新种（竹节虫目：叶䗛科）．昆虫学报，33(2)：227-229．

刘胜利，1993．中国叶䗛属记述（竹节虫目：叶䗛科）．动物分类学报，18(2)：201-212．

刘阳，陈水华，2021．中国鸟类观察手册．长沙：湖南科学技术出版社．

史海涛，赵尔宓，王力军，2011．海南两栖爬行动物志．北京：科学出版社．

陶星宇，翟晓飞，王同亮，等，2021．海南睑虎繁殖生物学特征初步观察．动物学杂志，56(1)：40-45．

汪继超，史海涛，2002．海南孔雀雉．生物学通报，37(11)：24-24．

王同亮，汪继超，2022．海南国家重点保护陆生野生动物图鉴．郑州：河南科学技术出版社．

王跃招，蔡波，李家堂，2021．中国生物多样性红色名录脊椎动物：第三卷爬行动物（上册）．北京：科学出版社．

王跃招，蔡波，李家堂，2021．中国生物多样性红色名录脊椎动物：第三卷爬行动物（下册）．北京：科学出版社．

肖繁荣，汪继超，2022．海南国家重点保护水生野生动物图鉴．郑州：河南科学技术出版社．

姚运涛，杜宇，邱清波，等，2017．圆鼻巨蜥的雌性繁殖与卵孵化//．浙江省第四届动物学博士与教授论坛、动物学与经济强省-浙江省动物学研究及发展战略研讨会论文摘要集.[出版者不详]：34-35．

曾菊平, 周善义, 丁健, 等, 2012. 濒危物种金斑喙凤蝶的行为特征及其对生境与分布的适应性 [J]. 生态学报, 32(20): 6527–6534.

张鹗, 曹文宣, 2021. 中国生物多样性红色名录脊椎动物: 第五卷淡水鱼类(上册、下册). 北京: 科学出版社.

张雁云、郑光美, 2021. 中国生物多样性红色名录脊椎动物: 第二卷鸟类. 北京: 科学出版社.

赵欣如, 2018. 中国鸟类图鉴. 北京: 商务印书馆.

赵正阶, 2001. 中国鸟类志(上卷: 非雀形目). 长春: 吉林科学技术出版社.

赵正阶, 2001. 中国鸟类志(下卷: 雀形目). 长春: 吉林科学技术出版社.

郑光美, 2018. 中国鸟类分类与分布名录. 3版. 北京: 科学出版社.

周近明, 邹仁林, 1991. 南沙群岛及邻近海域角珊瑚地理分布的初步研究//中国科学院南沙综合科学考察队. 南沙群岛海区海洋动物区系和动物地理研究专集. 北京: 海洋出版社: 294–301.

周润邦, 彭霄鹏, 侯勉, 等, 2019. 睑虎属一新种: 中华睑虎. 石河子大学学报(自然科学版), 37(5): 549–556.

朱新平, 陈焜慈, 谢刚, 等, 2005. 池养珠江斑鳠人工繁殖和胚胎发育的初步研究. 大连水产学院学报(04):352–354.

Gao J, Wu Z, Su D, et al., 2013. Observations on breeding behavior of the White-eared Night Heron (*Gorsachius magnificus*) in northern Guangdong, China. Chinese Birds, 4(3): 254–259.

Lau MWN, Fellowes JR, Chan BPL, 2010. Carnivores (Mammalia: Carnivora) in South China: a status review with notes on the commercial trade. Mammal Review(42): 247–292.

Lewthwaite RW, Li F, Chan BPL, 2021. An annotated checklist of the birds of Hainan island, China. Journal of Asian Ornithology(37): 6–28.

Zhou RB, Wang N, Chen B, et al., 2018. Morphological evidence uncovers a new species of *Goniurosaurus* (Squamata: Eublepharidae) from the Hainan Island, China. Zootaxa, 4369(2): 281–291.

附录1 海南国家重点保护野生动物名录

中文名	学名	保护级别	备注
刺胞动物门CNIDARIA			
水螅纲HYDROZOA			
花裸螅目	ANTHOATHECATA		
多孔螅科#	Milleporidae		
*分叉多孔螅	Millepora dichotoma	二级	
*节块多孔螅	Millepora exaesa	二级	
*错综多孔螅	Millepora intricata	二级	
*阔叶多孔螅	Millepora latifolia	二级	
*扁叶多孔螅	Millepora platyphylla	二级	
*娇嫩多孔螅	Millepora tenera	二级	
柱星螅科#	Stylasteridae		
*无序双孔螅	Distichopora irregularis	二级	
*紫色双孔螅	Distichopora violacea	二级	
*扇形柱星螅	Stylaster flabelliformis	二级	
*佳丽柱星螅	Stylaster pulcher	二级	
*艳红柱星螅	Stylaster sanguineus	二级	
珊瑚纲 ANTHOZOA			
角珊瑚目 #	ANTIPATHARIA		
深海角珊瑚科	Bathypathidae		
*相关深海角珊瑚	Bathypathes affinis	二级	
*展深海角珊瑚	Bathypathes patulis	二级	
*纤细深海角珊瑚	Bathypathes tenuis	二级	
黑角珊瑚科	Antipathidae		
*蛇鞭角珊瑚	Cirripathes anguinis	二级	
*海南鞭角珊瑚	Cirripathes hainanensis	二级	
*腰鞭角珊瑚	Cirripathes rumphii	二级	
*中华鞭角珊瑚	Cirripathes sinensis	二级	
*螺旋鞭角珊瑚	Cirripathes spiralis	二级	
*深海纵列角珊瑚	Stichopathes abyssicolis	二级	

（续）

中文名	学名	保护级别	备注
*少刺纵列角珊瑚	*Stichopathes bournei*	二级	
*斯里兰卡纵列角珊瑚	*Stichopathes ceylonensis*	二级	
*扭曲纵列角珊瑚	*Stichopathes contortis*	二级	
*轮刺纵列角珊瑚	*Stichopathes desbonni*	二级	
*线纵列角珊瑚	*Stichopathes filiformis*	二级	
*鞭纵列角珊瑚	*Stichopathes flagellum*	二级	
*粗刺纵列角珊瑚	*Stichopathes gracilis*	二级	
*规则纵列角珊瑚	*Stichopathes regularis*	二级	
*马尔代夫纵列角珊瑚	*Stichopathes maldivensis*	二级	
*乳头纵列角珊瑚	*Stichopathes papillosis*	二级	
*囊状纵列角珊瑚	*Stichopathes sacculis*	二级	
*半光滑纵列角珊瑚	*Stichopathes semiglabris*	二级	
*多变纵列角珊瑚	*Stichopathes variabilis*	二级	
*斯里兰卡黑角珊瑚	*Antipathes ceylomensis*	二级	
*普通黑角珊瑚	*Antipathes chotis*	二级	
*拱脆黑角珊瑚	*Antipathes crispis*	二级	
*二叉黑角珊瑚	*Antipathes dichotomis*	二级	
*赫氏黑角珊瑚	*Antipathes herdmani*	二级	
*日本黑角珊瑚	*Antipathes japonica*	二级	
*柔和黑角珊瑚	*Antipathes lentis*	二级	
*多叶黑角珊瑚	*Antipathes myriephyllis*	二级	
*平坦黑角珊瑚	*Antipathes planis*	二级	
*多小枝黑角珊瑚	*Antipathes virgatis*	二级	
*帚状隐角珊瑚	*Aphanipanthes sarothamnoides*	二级	
*萨氏隐角珊瑚	*Aphanipanthes somervillei*	二级	
*圆筒长角珊瑚	*Aphanipanthes cylindrices*	二级	
石珊瑚目 #	**SCLERACTINIA**		
*石珊瑚目所有种	SCLERACTNIA spp.	二级	
苍珊瑚目	**HELIOPORACEA**		
苍珊瑚科 #	**Helioporidae**		
*苍珊瑚	*Helioporidae coerulea*	二级	

（续）

中文名	学名	保护级别	备注
软珊瑚目	**ALCYONACEA**		
笙珊瑚科 #	**Tubiporidae**		
*笙珊瑚	*Tubipora musica*	二级	
红珊瑚科 #	**Coralliidae**		
*瘦长红珊瑚	*Corallium elatius*	一级	
*日本红珊瑚	*Corallium japonicum*	一级	
竹节柳珊瑚科	**Isididae**		
*粗糙竹节柳珊瑚	*Isis hippuris*	二级	
*细枝竹节柳珊瑚	*Isis minorbrachyblasta*	二级	
*网枝竹节柳珊蝴	*Isis reticulata*	二级	
软体动物门 MOLLUSCA			
腹足纲 GASTROPODA			
蝾螺科	**Turbinidae**		
*夜光蝾螺	*Turbo marmoratus*	二级	
宝贝科	**Cypraeidae**		
*虎斑宝贝	*Cypraea tigris*	二级	
冠螺科	**Cassididae**		
*唐冠螺	*Cassis cornuta*	二级	原名"冠螺"
法螺科	**Charoniidae**		
*法螺	*Charonia tritonis*	二级	
双壳纲 BIVALVIA			
珍珠贝目	**PTERIOIDA**		
珍珠贝科	**Pteriidae**		
*大珠母贝	*Pinctada maxima*	二级	仅限野外种群
帘蛤目	**VENEROIDA**		
砗磲科 #	**Tridacnidae**		
*大砗磲	*Tridacna gigas*	一级	原名"库氏砗磲"
*无鳞砗磲	*Tridacna derasa*	二级	仅限野外种群
*鳞砗磲	*Tridacna squamosa*	二级	仅限野外种群
*长砗磲	*Tridacna maxima*	二级	仅限野外种群
*番红砗磲	*Tridacna crocea*	二级	仅限野外种群

（续）

中文名	学名	保护级别	备注
＊砗蚝	*Hippopus hippopus*	二级	仅限野外种群
头足纲 CEPHALOPODA			
鹦鹉螺目	**NAUTILIDA**		
鹦鹉螺科	**Nautilidae**		
＊鹦鹉螺	*Nautilus pompilius*	一级	
节肢动物门 ARTHROPODA			
昆虫纲 INSECTA			
䗛目	**PHASMATODEA**		
叶䗛科 #	**Phyllidae**		
中华叶䗛	*Phyllium sinensis*	二级	
泛叶䗛	*Phyllium celebicum*	二级	
东方叶䗛	*Phyllium siccifolium*	二级	
同叶䗛	*Phyllium parum*	二级	
鞘翅目	**COLEOPTERA**		
臂金龟科	**Euchiridae**		
阳彩臂金龟	*Cheirotonus jansoni*	二级	
金龟科	**Scarabaeidae**		
悍马巨蜣螂	*Heliocopris bucephalus*	二级	
鳞翅目	**LEPIDOPTERA**		
凤蝶科	Papilionidae		
金斑喙凤蝶	*Teinopalpus aureus*	一级	
裳凤蝶	*Troides helena*	二级	
金裳凤蝶	*Troides aeacus*	二级	
蛛形纲 ARACHNIDA			
蜘蛛目	**ARANEAE**		
捕鸟蛛科	**Theraphosidae**		
海南塞勒蛛	*Cyriopagopus hainanus*	二级	
肢口纲 MEROSTOMATA			
剑尾目	**XIPHOSURA**		
鲎科 #	**Tachypleidae**		
＊中国鲎	*Tachypleus tridentatus*	二级	

（续）

中文名	学名	保护级别	备注
*圆尾蝎鲎	*Carcinoscorpius rotundicauda*	二级	
软甲纲 MALACOSTRACA			
十足目	DECAPODA		
龙虾科	Palinuridae		
*锦绣龙虾	*Panulirus ornatus*	二级	仅限野外种群
半索动物门 HEMICHORDATA			
肠鳃纲 ENTEROPNEUSTA			
柱头虫目	BALANOGLOSSIDA		
殖翼柱头虫科	Ptychoderidae		
*三崎柱头虫	*Balanoglossus misakiensis*	二级	
脊索动物门 CHORDATA			
文昌鱼纲 AMPHIOXI			
文昌鱼目	AMPHIOXIFORMES		
文昌鱼科 #	Branchiostomatidae		
*厦门文昌鱼	*Branchiostoma belcheri*	二级	仅限野外种群。原名"文昌鱼"。
软骨鱼纲 CHONDRICHTHYES			
鼠鲨目	LAMNIFORMES		
姥鲨科	Cetorhinidae		
*姥鲨	*Cetorhinus maximus*	二级	
鼠鲨科	Lamnidae		
*噬人鲨	*Carcharodon carcharias*	二级	
须鲨目	ORECTOLOBIFORMES		
鲸鲨科	Rhincodontidae		
*鲸鲨	*Rhincodon typus*	二级	
硬骨鱼纲 OSTEICHTHYES			
鳗鲡目	ANGUILLIFORMES		
鳗鲡科	Anguillidae		
*花鳗鲡	*Anguilla marmorata*	二级	
鲱形目	CLUPEIFORMES		
鲱科	Clupeidae		
*鲥	*Tenualosa reevesii*	一级	

（续）

中文名	学名	保护级别	备注
鲤形目	**CYPRINIFORMES**		
鲤科	**Cyprinidae**		
*黄臀唐鱼	*Tanichthys flavianalis*	二级	仅限野外种群
*大鳞鲢	*Hypophthalmichthys harmandi*	二级	
鲇形目	**SILURIFORMES**		
鲿科	**Bagridae**		
*斑鳠	*Hemibagrus guttatus*	二级	仅限野外种群
海龙鱼目	**SYNGNATHIFORMES**		
海龙鱼科	**Syngnathidae**		
*克氏海马	*Hippocampus kelloggi*	二级	仅限野外种群
*刺海马	*Hippocampus histrix*	二级	仅限野外种群
*日本海马	*Hippocampus mohnikei*	二级	仅限野外种群
*三斑海马	*Hippocampus trimaculatus*	二级	仅限野外种群
*库达海马	*Hippocampus kuda*	二级	仅限野外种群
鲈形目	**PERCIFORMES**		
石首鱼科	**Sciaenidae**		
*黄唇鱼	*Bahaba taipingensis*	一级	
隆头鱼科	**Labridae**		
*波纹唇鱼	*Cheilinus undulatus*	二级	仅限野外种群
两栖纲 AMPHIBIA			
有尾目	**CAUDATA**		
蝾螈科	**Salamandridae**		
*海南疣螈	*Yaotriton hainanensis*	二级	
无尾目	**ANURA**		
蟾蜍科	**Bufonidae**		
鳞皮小蟾	*Parapelophryne scalpta*	二级	
乐东蟾蜍	*Ingerophrynus ledongensis*	二级	
叉舌蛙科	**Dicroglossidae**		
*虎纹蛙	*Hoplobatrachus chinensis*	二级	仅限野外种群
*脆皮大头蛙	*Limnonectes fragilis*	二级	

（续）

中文名	学名	保护级别	备注
蛙科	**Ranidae**		
*海南湍蛙	*Amolops hainanensis*	二级	
爬行纲 REPTILIA			
龟鳖目	**TESTUDINES**		
平胸龟科 #	**Platysternidae**		
*平胸龟	*Platysternon megacephalum*	二级	仅限野外种群
陆龟科 #	**Testudinidae**		
凹甲陆龟	*Manouria impressa*	一级	
地龟科	**Geoemydidae**		
*花龟	*Mauremys sinensis*	二级	仅限野外种群
*黄喉拟水龟	*Mauremys mutica*	二级	仅限野外种群
*三线闭壳龟	*Cuora trifasciata*	二级	仅限野外种群
*黄额闭壳龟	*Cuora galbinifrons*	二级	仅限野外种群
*锯缘闭壳龟	*Cuora mouhotii*	二级	仅限野外种群
*地龟	*Geoemyda spengleri*	二级	
*海南四眼斑水龟	*Sacalia quadriocellata*	二级	仅限野外种群
海龟科 #	**Cheloniidae**		
*红海龟	*Caretta caretta*	一级	原名"蠵龟"
*绿海龟	*Chelonia mydas*	一级	
*玳瑁	*Eretmochelys imbricata*	一级	
*太平洋丽龟	*Lepidochelys olivacea*	一级	
棱皮龟科 #	**Dermochelyidae**		
*棱皮龟	*Dermochelys coriacea*	一级	
鳖科	**Trionychidae**		
*鼋	*Pelochelys cantorii*	一级	
*山瑞鳖	*Palea steindachneri*	二级	仅限野外种群
有鳞目	**SQUAMATA**		
壁虎科	**Gekkonidae**		
大壁虎	*Gekko gecko*	二级	
睑虎科 #	**Eublepharidae**		
霸王岭睑虎	*Goniurosaurus bawanglingensis*	二级	

（续）

中文名	学名	保护级别	备注
海南睑虎	*Goniurosaurus hainanensis*	二级	
周氏睑虎	*Goniurosaurus zhoui*	二级	
中华睑虎	*Goniurosaurus sinensis*	二级	
鬣蜥科	**Agamidae**		
蜡皮蜥	*Leiolepis reevesii*	二级	
蛇蜥科 #	**Anguidae**		
海南脆蛇蜥	*Ophisaurus hainanensis*	二级	
巨蜥科 #	**Varanidae**		
圆鼻巨蜥	*Varanus salvator*	一级	原名"巨蜥"
筒蛇科	**Cylindrophiidae**		
红尾筒蛇	*Cylindrophis ruffus*	二级	
蟒科 #	**Pythonidae**		
蟒蛇	*Python bivittatus*	二级	原名"蟒"
游蛇科	**Colubridae**		
海南尖喙蛇	*Gonyosoma hainanensis* sp. nov.	二级	
眼镜蛇科	**Elapidae**		
眼镜王蛇	*Ophiophagus hannah*	二级	
*青环海蛇	*Hydrophis cyanocinctus*	二级	
*环纹海蛇	*Hydrophis fasciatus*	二级	
*淡灰海蛇	*Hydrophis ornatus*	二级	
*平颏海蛇	*Hydrophis curtus*	二级	
*小头海蛇	*Hydrophis gracilis*	二级	
*长吻海蛇	*Hydrophis platurus*	二级	
*海蝰	*Hydrophis viperinus*	二级	
鸟纲 AVES			
鸡形目	**GALLIFORMES**		
雉科	**Phasianidae**		
海南山鹧鸪	*Arborophila ardens*	一级	
红原鸡	*Gallus gallus*	二级	原名"原鸡"
白鹇	*Lophura nycthemera*	二级	
海南孔雀雉	*Polyplectron katsumatae*	一级	

（续）

中文名	学名	保护级别	备注
雁形目	**ANSERIFORMES**		
鸭科	**Anatidae**		
栗树鸭	*Dendrocygna javanica*	二级	
鸳鸯	*Aix galericulata*	二级	
棉凫	*Nettapus coromandelianus*	二级	
花脸鸭	*Sibirionetta formosa*	二级	
鸽形目	**COLUMBIFORMES**		
鸠鸽科	**Columbidae**		
紫林鸽	*Columba punicea*	二级	
斑尾鹃鸠	*Macropygia unchall*	二级	
橙胸绿鸠	*Treron bicinctus*	二级	
厚嘴绿鸠	*Treron curvirostra*	二级	
红翅绿鸠	*Treron sieboldii*	二级	
绿皇鸠	*Ducula aenea*	二级	
山皇鸠	*Ducula badia*	二级	
夜鹰目	**CAPRIMULGIFORMES**		
雨燕科	**Apodidae**		
爪哇金丝燕	*Aerodramus fuciphagus*	二级	
灰喉针尾雨燕	*Hirundapus cochinchinensis*	二级	
鹃形目	**CUCULIFORMES**		
杜鹃科	**Cuculidae**		
褐翅鸦鹃	*Centropus sinensis*	二级	
小鸦鹃	*Centropus bengalensis*	二级	
鹤形目	**GRUIFORMES**		
秧鸡科	**Rallidae**		
紫水鸡	*Porphyrio porphyrio*	二级	
鹤科 #	**Gruidae**		
灰鹤	*Grus grus*	二级	
鸻形目	**CHARADRIIFORMES**		
石鸻科	**Burhinidae**		
大石鸻	*Esacus recurvirostris*	二级	

（续）

中文名	学名	保护级别		备注
水雉科	**Jacanidae**			
水雉	*Hydrophasianus chirurgus*		二级	
鹬科	**Scolopacidae**			
小杓鹬	*Numenius minutus*		二级	
白腰杓鹬	*Numenius arquata*		二级	
大杓鹬	*Numenius madagascariensis*		二级	
小青脚鹬	*Tringa guttifer*	一级		
翻石鹬	*Arenaria interpres*		二级	
大滨鹬	*Calidris tenuirostris*		二级	
勺嘴鹬	*Calidris pygmaea*	一级		
阔嘴鹬	*Calidris falcinellus*		二级	
鸥科	**Laridae**			
黑嘴鸥	*Saundersilarus saundersi*	一级		
大凤头燕鸥	*Thalasseus bergii*		二级	
中华凤头燕鸥	*Thalasseus bernsteini*	一级		原名"黑嘴端凤头燕鸥"
鹱形目	**PROCELLARIIFORMES**			
信天翁科	**Diomedeidae**			
黑脚信天翁	*Phoebastria nigripes*	一级		
鹳形目	**CICONIIFORMES**			
鹳科	**Ciconiidae**			
彩鹳	*Mycteria leucocephala*	一级		
黑鹳	*Ciconia nigra*	一级		
秃鹳	*Leptoptilos javanicus*		二级	
鲣鸟目	**SULIFORMES**			
军舰鸟科	**Fregatidae**			
白腹军舰鸟	*Fregata andrewsi*	一级		
黑腹军舰鸟	*Fregata minor*		二级	
白斑军舰鸟	*Fregata ariel*		二级	
鲣鸟科#	**Sulidae**			
红脚鲣鸟	*Sula sula*		二级	

（续）

中文名	学名	保护级别		备注
褐鲣鸟	*Sula leucogaster*		二级	
鹈形目	**PELECANIFORMES**			
鹮科	**Threskiornithidae**			
黑头白鹮	*Threskiornis melanocephalus*	一级		原名"白鹮"
彩鹮	*Plegadis falcinellus*	一级		
白琵鹭	*Platalea leucorodia*		二级	
黑脸琵鹭	*Platalea minor*	一级		
鹭科	**Ardeidae**			
海南鸦	*Gorsachius magnificus*	一级		原名"海南虎斑鳽"
黑冠鸦	*Gorsachius melanolophus*		二级	
岩鹭	*Egretta sacra*		二级	
黄嘴白鹭	*Egretta eulophotes*	一级		
鹈鹕科#	**Pelecanidae**			
斑嘴鹈鹕	*Pelecanus philippensis*	一级		
卷羽鹈鹕	*Pelecanus crispus*	一级		
鹰形目#	**ACCIPITRIFORMES**			
鹗科	**Pandionidae**			
鹗	*Pandion haliaetus*		二级	
鹰科	**Accipitridae**			
黑翅鸢	*Elanus caeruleus*		二级	
凤头蜂鹰	*Pernis ptilorhynchus*		二级	
褐冠鹃隼	*Aviceda jerdoni*		二级	
黑冠鹃隼	*Aviceda leuphotes*		二级	
秃鹫	*Aegypius monachus*	一级		
蛇雕	*Spilornis cheela*		二级	
鹰雕	*Nisaetus nipalensis*		二级	
棕腹隼雕	*Lophotriorchis kienerii*		二级	
林雕	*Ictinaetus malaiensis*		二级	
靴隼雕	*Hieraaetus pennatus*		二级	
草原雕	*Aquila nipalensis*	一级		
白肩雕	*Aquila heliaca*	一级		

（续）

中文名	学名	保护级别	备注
白腹隼雕	*Aquila fasciata*	二级	
凤头鹰	*Accipiter trivirgatus*	二级	
褐耳鹰	*Accipiter badius*	二级	
赤腹鹰	*Accipiter soloensis*	二级	
日本松雀鹰	*Accipiter gularis*	二级	
松雀鹰	*Accipiter virgatus*	二级	
雀鹰	*Accipiter nisus*	二级	
苍鹰	*Accipiter gentilis*	二级	
白头鹞	*Circus aeruginosus*	二级	
白腹鹞	*Circus spilonotus*	二级	
白尾鹞	*Circus cyaneus*	二级	
草原鹞	*Circus macrourus*	二级	
鹊鹞	*Circus melanoleucos*	二级	
黑鸢	*Milvus migrans*	二级	
白腹海雕	*Haliaeetus leucogaster*	一级	
渔雕	*Ichthyophaga humilis*	二级	
灰脸鵟鹰	*Butastur indicus*	二级	
普通鵟	*Buteo japonicus*	二级	
鸮形目 #	**STRIGIFORMES**		
鸱鸮科	**Strigidae**		
黄嘴角鸮	*Otus spilocephalus*	二级	
领角鸮	*Otus lettia*	二级	
红角鸮	*Otus sunia*	二级	
雕鸮	*Bubo bubo*	二级	
林雕鸮	*Bubo nipalensis*	二级	
褐渔鸮	*Ketupa zeylonensis*	二级	
褐林鸮	*Strix leptogrammica*	二级	
领鸺鹠	*Glaucidium brodiei*	二级	
斑头鸺鹠	*Glaucidium cuculoides*	二级	
鹰鸮	*Ninox scutulata*	二级	
短耳鸮	*Asio flammeus*	二级	

（续）

中文名	学名	保护级别	备注
草鸮科	**Tytonidae**		
仓鸮	*Tyto alba*	二级	
草鸮	*Tyto longimembris*	二级	
栗鸮	*Phodilus badius*	二级	
咬鹃目 #	**TROGONIFORMES**		
咬鹃科	**Trogonidae**		
红头咬鹃	*Harpactes erythrocephalus*	二级	
佛法僧目	**CORACIIFORMES**		
蜂虎科	**Meropidae**		
蓝须蜂虎	*Nyctyornis athertoni*	二级	
栗喉蜂虎	*Merops philippinus*	二级	
蓝喉蜂虎	*Merops viridis*	二级	
翠鸟科	**Alcedinidae**		
白胸翡翠	*Halcyon smyrnensis*	二级	
斑头大翠鸟	*Alcedo hercules*	二级	
啄木鸟目	**PICIFORMES**		
啄木鸟科	**Picidae**		
大黄冠啄木鸟	*Chrysophlegma flavinucha*	二级	
黄冠啄木鸟	*Picus chlorolophus*	二级	
隼形目 #	**FALCONIFORMES**		
隼科	**Falconidae**		
红隼	*Falco tinnunculus*	二级	
燕隼	*Falco subbuteo*	二级	
猛隼	*Falco severus*	二级	
游隼	*Falco peregrinus*	二级	
鹦鹉目 #	**PSITTACIFORMES**		
鹦鹉科	**Psittacidae**		
绯胸鹦鹉	*Psittacula alexandri*	二级	
雀形目	**PASSERIFORMES**		
八色鸫科 #	**Pittidae**		
蓝背八色鸫	*Pitta soror*	二级	

（续）

中文名	学名	保护级别	备注
仙八色鸫	*Pitta nympha*	二级	
蓝翅八色鸫	*Pitta moluccensis*	二级	
阔嘴鸟科#	**Eurylaimidae**		
银胸丝冠鸟	*Serilophus lunatus*	二级	
卷尾科	**Dicruridae**		
大盘尾	*Dicrurus paradiseus*	二级	
鸦科	**Corvidae**		
黄胸绿鹊	*Cissa hypoleuca*	二级	
绣眼鸟科	**Zosteropidae**		
红胁绣眼鸟	*Zosterops erythropleurus*	二级	
噪鹛科	**Leiothrichidae**		
海南画眉	*Garrulax owstoni*	二级	
黑喉噪鹛	*Garrulax chinensis*	二级	
椋鸟科	**Sturnidae**		
鹩哥	*Gracula religiosa*	二级	
鹟科	**Muscicapidae**		
红喉歌鸲	*Calliope calliope*	二级	
蓝喉歌鸲	*Luscinia svecica*	二级	
棕腹大仙鹟	*Niltava davidi*	二级	
鹀科	**Emberizidae**		
黄胸鹀	*Emberiza aureola*	一级	
哺乳纲 MAMMALIA			
灵长目#	**PRIMATES**		
猴科	**Cercopithecidae**		
猕猴	*Macaca mulatta*	二级	
长臂猿科	**Hylobatidae**		
海南长臂猿	*Nomascus hainanus*	一级	
鳞甲目#	**PHOLIDOTA**		
鲮鲤科	**Manidae**		
穿山甲	*Manis pentadactyla*	一级	

（续）

中文名	学名	保护级别	备注
食肉目	**CARNIVORA**		
熊科	**Ursidae**		
黑熊	*Ursus thibetanus*	二级	
鼬科	**Mustelidae**		
黄喉貂	*Martes flavigula*	二级	
*小爪水獭	*Aonyx cinerea*	二级	
*水獭	*Lutra lutra*	二级	
灵猫科	**Viverridae**		
大灵猫	*Viverra zibetha*	一级	
小灵猫	*Viverricula indica*	一级	
椰子猫	*Paradoxurus hermaphroditus*	二级	
猫科＃	**Felidae**		
豹猫	*Prionailurus bengalensis*	二级	
云豹	*Neofelis nebulosa*	一级	
海狮科＃	**Otariidae**		
*北海狗	*Callorhinus ursinus*	二级	
海豹科＃	**Phocidae**		
*西太平洋斑海豹	*Phoca largha*	一级	原名"斑海豹"
偶蹄目	**ARTIODACTYLA**		
鹿科	**Cervidae**		
海南麂	*Muntiacus nigripes*	二级	
水鹿	*Cervus equinus*	二级	
坡鹿	*Panolia siamensis*	一级	
啮齿目	**RODENTIA**		
松鼠科	**Sciuridae**		
巨松鼠	*Ratufa bicolor*	二级	
兔形目	**LAGOMORPHA**		
兔科	**Leporidae**		
海南兔	*Lepus hainanus*	二级	

（续）

中文名	学名	保护级别	备注
海牛目 #	**SIRENIA**		
儒艮科	**Dugongidae**		
*儒艮	*Dugong dugon*	一级	
鲸目 #	**CETACEA**		
灰鲸科	**Eschrichtiidae**		
*灰鲸	*Eschrichtius robustus*	一级	
须鲸科	**Balaenopteridae**		
*蓝鲸	*Balaenoptera musculus*	一级	
*小须鲸	*Balaenoptera acutorostrata*	一级	
*塞鲸	*Balaenoptera borealis*	一级	
*布氏鲸	*Balaenoptera edeni*	一级	
*大村鲸	*Balaenoptera omurai*	一级	
*长须鲸	*Balaenoptera physalus*	一级	
*大翅鲸	*Megaptera novaeangliae*	一级	
海豚科	**Delphinidae**		
*中华白海豚	*Sousa chinensis*	一级	
*糙齿海豚	*Steno bredanensis*	二级	
*热带点斑原海豚	*Stenella attenuata*	二级	
*条纹原海豚	*Stenella coeruleoalba*	二级	
*飞旋原海豚	*Stenella longirostris*	二级	
*长喙真海豚	*Delphinus capensis*	二级	
*真海豚	*Delphinus delphis*	二级	
*印太瓶鼻海豚	*Tursiops aduncus*	二级	
*瓶鼻海豚	*Tursiops truncatus*	二级	
*弗氏海豚	*Lagenodelphis hosei*	二级	
*里氏海豚	*Grampus griseus*	二级	
*瓜头鲸	*Peponocephala electra*	二级	
*虎鲸	*Orcinus orca*	二级	
*伪虎鲸	*Pseudorca crassidens*	二级	
*小虎鲸	*Feresa attenuata*	二级	
*短肢领航鲸	*Globicephala macrorhynchus*	二级	

（续）

中文名	学名	保护级别		备注
鼠海豚科	**Phocoenidae**			
＊印太江豚	*Neophocaena phocaenoides*		二级	
抹香鲸科	**Physeteridae**			
＊抹香鲸	*Physeter macrocephalus*	一级		
＊小抹香鲸	*Kogia breviceps*		二级	
＊侏抹香鲸	*Kogia sima*		二级	
喙鲸科	**Ziphidae**			
＊柏氏中喙鲸	*Mesoplodon densirostris*		二级	
＊代表水生野生动物；#代表该分类单元所有种均列入《国家重点保护野生动物名录》。				

附录2 海南热带雨林国家公园国家重点保护野生动物名录

中文名	学名	保护等级 （2021版）	备注
节肢动物门 ARTHROPODA			
昆虫纲 INSECTA			
䗛目	**PHASMATODEA**		
叶䗛科	**Phyllidae**		
中华叶䗛	*Phyllium sinensis*	二级	
泛叶䗛	*Phyllium celebicum*	二级	
东方叶䗛	*Phyllium siccifolium*	二级	
同叶䗛	*Phyllium parum*	二级	
鞘翅目	**COLEOPTERA**		
臂金龟科	**Euchiridae**		
阳彩臂金龟	*Cheirotonus jansoni*	二级	
金龟科	**Scarabaeidae**		
悍马巨蜣螂	*Heliocopris bucephalus*	二级	
鳞翅目	**LEPIDOPTEAR**		
凤蝶科	**Papilionidae**		
金斑喙凤蝶	*Teinopalpus aureus*	一级	
裳凤蝶	*Troides helena*	二级	
金裳凤蝶	*Troides aeacus*	二级	
蛛形纲 ARACHNIDA			
蜘蛛目	**ARANEAE**		
捕鸟蛛科	**Theraphosidae**		
海南塞勒蛛	*Cyriopagopus hainanus*	二级	
脊索动物门 CHORDATA			
硬骨鱼纲 OSTEICHTHYES			
鳗鲡目	**ANGUILLIFORMES**		
鳗鲡科	**Anguillidae**		
花鳗鲡*	*Anguilla marmorata*	二级	

（续）

中文名	学名	保护等级 （2021版）	备注
鲤形目	**CYPRINIFORMES**		
鲤科	**Cyprinidae**		
黄臀唐鱼 *	*Tanichthys flavianalis*	二级	仅限野外种群
大鳞鲢 *	*Hypophthalmichthys harmandi*	二级	
鲇形目	**SILURIFORMES**		
鲿科	**Bagridae**		
斑鳠 *	*Hemibagrus guttatus*	二级	仅限野外种群
两栖纲 AMPHIBLA			
有尾目	**CAUDATA**		
蝾螈科	**Salamandridae**		
海南疣螈 *	*Tylototriton hainanensis*	二级	
无尾目	**ANURA**		
蟾蜍科	**Bufonidae**		
鳞皮小蟾	*Parapelophryne scalpta*	二级	
乐东蟾蜍	*Ingerophrynus ledongensis*	二级	
叉舌蛙科	**Dicroglossidae**		
虎纹蛙 *	*Hoplobatrachus chinensis*	二级	仅限野外种群
脆皮大头蛙 *	*Limnonectes fragilis*	二级	
蛙科	**Ranidae**		
海南湍蛙 *	*Amolops hainanensis*	二级	
爬行纲 REPTILIA			
龟鳖目	**TESTUDINES**		
平胸龟科	**Platysternidae**		
平胸龟 *	*Platysternon megacephalum*	二级	仅限野外种群
地龟科	**Geoemydidae**		
花龟 *	*Mauremys sinensis*	二级	仅限野外种群
黄喉拟水龟 *	*Mauremys mutica*	二级	仅限野外种群
三线闭壳龟 *	*Cuora trifasciata*	二级	仅限野外种群
黄额闭壳龟 *	*Cuora galbinifrons*	二级	仅限野外种群
锯缘闭壳龟 *	*Cuora mouhotii*	二级	仅限野外种群

（续）

中文名	学名	保护等级（2021版）	备注
地龟*	*Geoemyda spengleri*	二级	
海南四眼斑水龟*	*Sacalia insulensis*	二级	仅限野外种群
鳖科	**Trionychidae**		
鼋*	*Pelochelys cantori*	一级	
山瑞鳖*	*Palea steindachneri*	二级	仅限野外种群
有鳞目	**SQUAMATA**		
睑虎科	**Eublepharidae**		
霸王岭睑虎	*Goniurosaurus bawanglingensis*	二级	
海南睑虎	*Goniurosaurus hainanensis*	二级	
周氏睑虎	*Goniurosaurus zhoui*	二级	
中华睑虎	*Goniurosaurus sinensis*	二级	
蛇蜥科	**Anguidae**		
海南脆蛇蜥	*Ophisaurus hainanensis*	二级	
巨蜥科	**Varanidae**		
圆鼻巨蜥	*Varanus salvator*	一级	原名"巨晰"
蟒科	**Pythonidae**		原名"蟒"
蟒蛇	*Python bivittatus*	二级	
游蛇科	**Colubridae**		
海南尖喙蛇	*Gonyosoma hainanensis* sp. nov.	二级	
眼镜蛇科	**Elapidae**		
眼镜王蛇	*Ophiophagus hannah*	二级	
鸟纲 AVES			
鸡形目	**GALLIFORMES**		
雉科	**Phasianidae**		
海南山鹧鸪	*Arborophila ardens*	一级	
红原鸡	*Gallus gallus*	二级	原名"原鸡"
白鹇	*Lophura nycthemera*	二级	
海南孔雀雉	*Polyplectron katsumatae*	一级	

（续）

中文名	学名	保护等级 （2021版）	备注
雁形目	ANSERIFORMES		
鸭科	Anatidae		
栗树鸭	*Dendrocygna javanica*	二级	
鸽形目	COLUMBIFORMES		
鸠鸽科	Columbidae		
紫林鸽	*Columba punicea*	二级	
斑尾鹃鸠	*Macropygia unchall*	二级	
橙胸绿鸠	*Treron bicinctus*	二级	
厚嘴绿鸠	*Treron curvirostra*	二级	
红翅绿鸠	*Treron sieboldii*	二级	
绿皇鸠	*Ducula aenea*	二级	
山皇鸠	*Ducula badia*	二级	
夜鹰目	CAPRIMULGIFORMES		
雨燕科	Apodidae		
灰喉针尾雨燕	*Hirundapus cochinchinensis*	二级	
爪哇金丝燕	*Aerodramus fuciphagus*	二级	
鹃形目	CUCULIFORMES		
杜鹃科	Cuculidae		
褐翅鸦鹃	*Centropus sinensis*	二级	
小鸦鹃	*Centropus bengalensis*	二级	
鹈形目	PELECANIFORMES		
鹭科	Ardeidae		
海南鸦	*Gorsachius magnificus*	一级	原名"海南虎斑鸦"
黑冠鸦	*Gorsachius melanolophus*	二级	
鹰形目	ACCIPITRIFORMES		
鹰科	Accipitridae		
黑翅鸢	*Elanus caeruleus*	二级	
凤头蜂鹰	*Pernis ptilorhynchus*	二级	
褐冠鹃隼	*Aviceda jerdoni*	二级	
黑冠鹃隼	*Aviceda leuphotes*	二级	
蛇雕	*Spilornis cheela*	二级	

（续）

中文名	学名	保护等级（2021版）	备注
棕腹隼雕	*Lophotriorchis kienerii*	二级	
林雕	*Ictinaetus malaiensis*	二级	
鹰雕	*Nisaetus nipalensis*	二级	
靴隼雕	*Hieraaetus pennatus*	二级	
白肩雕	*Aquila heliaca*	一级	
凤头鹰	*Accipiter trivirgatus*	二级	
褐耳鹰	*Accipiter badius*	二级	
赤腹鹰	*Accipiter soloensis*	二级	
日本松雀鹰	*Accipiter gularis*	二级	
松雀鹰	*Accipiter virgatus*	二级	
雀鹰	*Accipiter nisus*	二级	
苍鹰	*Accipiter gentilis*	二级	
白腹鹞	*Circus spilonotus*	二级	
白尾鹞	*Circus cyaneus*	二级	
黑鸢	*Milvus migrans*	二级	
渔雕	*Ichthyophaga humilis*	二级	
灰脸鵟鹰	*Butastur indicus*	二级	
普通鵟	*Buteo japonicus*	二级	
鸮形目	**STRIGIFORMES**		
鸱鸮科	**Strigidae**		
黄嘴角鸮	*Otus spilocephalus*	二级	
领角鸮	*Otus lettia*	二级	
红角鸮	*Otus sunia*	二级	
雕鸮	*Bubo bubo*	二级	
林雕鸮	*Bubo nipalensis*	二级	
褐林鸮	*Strix leptogrammica*	二级	
领鸺鹠	*Glaucidium brodiei*	二级	
斑头鸺鹠	*Glaucidium cuculoides*	二级	
鹰鸮	*Ninox scutulata*	二级	
短耳鸮	*Asio flammeus*	二级	

（续）

中文名	学名	保护等级 （2021 版）	备注
草鸮科	**Tytonidae**		
仓鸮	*Tyto alba*	一级	
草鸮	*Tyto longimembris*	二级	
栗鸮	*Phodilus badius*	二级	
咬鹃目	**TROGONIFORMES**		
咬鹃科	**Trogonidae**		
红头咬鹃	*Harpactes erythrocephalus*	二级	
佛法僧目	**CORACIIFORMES**		
蜂虎科	**Meropidae**		
蓝须蜂虎	*Nyctyornis athertoni*	二级	
栗喉蜂虎	*Merops philippinus*	二级	
蓝喉蜂虎	*Merops viridis*	二级	
翠鸟科	**Alcedinidae**		
白胸翡翠	*Halcyon smyrnensis*	二级	
斑头大翠鸟	*Alcedo hercules*	二级	
啄木鸟目	**PICIFORMES**		
啄木鸟科	**Picidae**		
大黄冠啄木鸟	*Chrysophlegma flavinucha*	二级	
黄冠啄木鸟	*Picus chlorolophus*	二级	
隼形目	**FALCONIFORMES**		
隼科	**Falconidae**		
红隼	*Falco tinnunculus*	二级	
燕隼	*Falco subbuteo*	二级	
游隼	*Falco peregrinus*	二级	
鹦鹉目	**PSITTACIFORMES**		
鹦鹉科	**Psittacidae**		
绯胸鹦鹉	*Psittacula alexandri*	二级	
雀形目	**PASSERIFORMES**		
八色鸫科	**Pittidae**		
蓝背八色鸫	*Pitta soror*	二级	
仙八色鸫	*Pitta nympha*	二级	

（续）

中文名	学名	保护等级（2021版）	备注
蓝翅八色鸫	*Pitta moluccensis*	二级	
阔嘴鸟科	**Eurylaimidae**		
银胸丝冠鸟	*Serilophus lunatus*	二级	
卷尾科	**Dicruridae**		
大盘尾	*Dicrurus paradiseus*	二级	
鸦科	**Corvidae**		
黄胸绿鹊	*Cissa hypoleuca*	二级	
绣眼鸟科	**Zosteropidae**		
红胁绣眼鸟	*Zosterops erythropleurus*	二级	
噪鹛科	**Leiothrichidae**		
海南画眉	*Garrulax owstoni*	二级	
黑喉噪鹛	*Garrulax chinensis*	二级	
椋鸟科	**Sturnidae**		
鹩哥	*Gracula religiosa*	二级	
鹟科	**Muscicapidae**		
红喉歌鸲	*Calliope calliope*	二级	
蓝喉歌鸲	*Luscinia svecica*	二级	
棕腹大仙鹟	*Niltava davidi*	二级	
鹀科	**Emberizidae**		
黄胸鹀	*Emberiza aureola*	一级	
哺乳纲 MAMMALIA			
灵长目	**PRIMATES**		
猴科	**Ceicopithecidae**		
猕猴	*Macaca mulatta*	二级	
长臂猿科	**Hylobatidae**		
海南长臂猿	*Nomascus hainanus*	一级	
鳞甲目	**PHOLIDOTA**		
鲮鲤科	**Manidae**		
穿山甲	*Manis pentadactyla*	一级	

（续）

中文名	学名	保护等级 （2021版）	备注
食肉目	**CARNIVORA**		
熊科	**Ursidae**		
黑熊	*Ursus thibetanus*	二级	
鼬科	**Mustelidae**		
黄喉貂	*Martes flavigula*	二级	
小爪水獭*	*Aonyx cinerea*	二级	
水獭*	*Lutra lutra*	二级	
灵猫科	**Viverridae**		
大灵猫	*Viverra zibetha*	一级	
小灵猫	*Viverricula indica*	一级	
椰子猫	*Paradoxurus hermaphroditus*	二级	
猫科	**Felidae**		
豹猫	*Prionailurus bengalensis*	二级	
云豹	*Neofelis nebulosa*	一级	
偶蹄目	**ARTIODACTYLA**		
鹿科	**Cervidae**		
海南麂	*Munticus nigripes*	二级	
坡鹿	*Panolia siamensis*	一级	
水鹿	*Cervus equinus*	二级	
啮齿目	**RODENTIA**		
松鼠科	**Sciuridae**		
巨松鼠	*Ratufa bicolor*	二级	
兔形目	**LAGOMORPHA**		
兔科	**Leporidae**		
海南兔	*Lepus hainanus*	二级	
*代表水生动物			

中文名索引

学名索引

英文名索引